一般計量士・環境計量士

国家試験問題 解答と解説

3. 法規・管理（計量関係法規／計量管理概論）

（第68回〜第70回）

一般社団法人 日本計量振興協会 編

コ ロ ナ 社

計量士をめざす方々へ

（序にかえて）

　近年，社会情勢や経済事情の変革にともなって産業技術の高度化が急速に進展し，有能な計量士の有資格者を求める企業が多くなっております。

　しかし，計量士の国家試験はたいへんむずかしく，なかなか合格できないと嘆いている方が多いようです。

　本書は，計量士の資格を取得しようとする方々のために，最も能率的な勉強ができるよう，この国家試験に精通した専門家の方々に執筆をお願いして編集しました。

　内容として，専門科目あるいは共通科目ごとにまとめてありますので，どの分野からどんな問題が何問ぐらい出ているかを研究してみてください。そして，本書に沿って，問題を解いてみてはいかがでしょう。何回か繰り返し演習を行うことにより，かなり実力がつくといわれています。

　もちろん，この解説だけでは納得がいかない場合もあるかもしれません。そのときは適切な参考書を求めて，その部分を勉強してください。

　そして，実際の試験場では，どの問題が得意な分野なのか，本書によって見当がつくわけですから，その得意なところから始めると良いでしょう。なお，解答時間は，1問当り3分たらずであることに注意してください。

　さあ，本書なら，どこでも勉強できます。本書を友として，ぜひとも合格の栄冠を勝ち取ってください。

2020年9月

一般社団法人　日本計量振興協会

目　　　　次

1.　計量関係法規　法　規

2.　計量管理概論　管　理

1. 計量関係法規

$$\boxed{\text{法 規}}$$

1.1 第 68 回（平成 30 年 3 月実施）

---- 問 1 ----

計量法第 1 条の目的に関する次の記述の（ ア ）～（ ウ ）に入る語句の組合せとして，正しいものを一つ選べ。

　第 1 条　この法律は，（ ア ）の基準を定め，適正な計量の実施を確保し，もって（ イ ）の発展及び（ ウ ）に寄与することを目的とする。

	（ア）	（イ）	（ウ）
1	計量	社会	文化の向上
2	計量	社会	消費者の保護
3	計量	経済	文化の向上
4	計量器	社会	消費者の保護
5	計量器	経済	文化の向上

【題 意】　計量法（以下「法」という。）第 1 条（目的）の条文の語句についての問題。

【解 説】　法第 1 条の条文で，「この法律は，計量の基準を定め，適正な計量の実施を確保し，もって経済の発展及び文化の向上に寄与することを目的とする。」と定めており，（ア）は「計量」が，（イ）は「経済」が，（ウ）は「文化の向上」が該当するので，3 の語句の組合せが正しい。

【正 解】　3

---- 問 2 ----

計量法第 2 条の定義等に関する次の記述の中から，正しいものを一つ選べ。

1　「取引」とは，有償であると無償であるとを問わず，物又は役務の給付を
　目的とする行政上の行為をいう。

2　「証明」とは，公に又は業務上他人に一定の事実が真実である旨を口頭で
　表明することをいう。

3　すべての計量器は，適正な計量の実施を確保するためにその構造又は器
　差に係る基準を定める必要がある。

4　「標準物質」とは，政令で定める物象の状態の量の特定の値が付された物
　質であって，当該物象の状態の量の計量をするための計量器の構造の確認
　に用いるものをいう。

5　計量器の製造には，経済産業省令で定める改造を含むものとし，計量器
　の修理には，当該経済産業省令で定める改造以外の改造を含むものとする。

(題　意)　法第2条（定義等）第2項，第4項，第5項および第6項までに掲げられ
ている用語の「定義」についての問題。

(解　説)　**1**は，法第2条第2項の「取引」の定義で，「有償であると無償であると
を問わず，物又は役務の給付を目的とする業務上の行為をいう。」と定めており，**1**の
「前略…，物又は役務の給付を目的とする行政上の行為をいう。」との記述は，誤りで
ある。

　2は，法第2条第2項の「証明」の定義で，「公に又は業務上他人に一定の事実が真
実である旨を表明することをいう。」と定めており，**2**の「前略…の事実が真実である
旨を口頭で表明することをいう。」との記述は，誤りである。

　3は，法第2条第4項の「特定計量器」の定義で，「取引若しくは証明における計量
に使用され，又は主として一般消費者の生活の用に供される計量器のうち，適正な計
量の実施を確保するためにその構造又は器差に係る基準を定める必要があるものとし
て政令で定めるものをいう。」と定めており，**3**の「すべての計量器は，適正な計量の
実施を確保するためにその構造又は器差に係る基準を定める必要がある。」の記述は，
誤りである。

　4は，法第2条第6項の「標準物質」の定義で，「政令で定める物象の状態の量の特
定の値が付された物質であって，当該物象の状態の量の計量をするための計量器の誤

差の測定に用いるものをいう。」と定めており，**4**の「前略…，当該物象の状態の量の計量をするための計量器の構造の確認に用いるものをいう。」の記述は，誤りである。

5は，法第2条第5項の「計量器の製造」及び「計量器の修理」の定義で，「計量器の製造には，経済産業省令で定める改造を含むものとし，計量器の修理には，当該経済産業省令で定める改造以外の改造を含むものとする。」と定めており，**5**の記述は法第2条第5項のとおりで，正しい。

〔正解〕 **5**

------ 問 **3** ------

計量法第9条の非法定計量単位による目盛等を付した計量器に関する次の記述の（ ア ）及び（ イ ）に入る語句の組合せとして，正しいものを一つ選べ。

第9条　第2条第1項第1号に掲げる物象の状態の量の計量に使用する計量器であって非法定計量単位による目盛又は表記を付したものは，（ ア ）してはならない。第5条第2項の政令で定める計量単位による目盛又は表記を付した計量器であって，専ら同項の政令で定める特殊の計量に使用するものとして経済産業省令で定めるもの以外のものについても，同様とする。

2　前項の規定は，（ イ ）すべき計量器その他の政令で定める計量器については，適用しない。

	（ア）	（イ）
1	販売し，又は販売の目的で陳列	輸入
2	製造し，又は販売	輸入
3	製造し，又は使用の目的で所持	輸入
4	販売し，又は販売の目的で陳列	輸出
5	製造し，又は使用の目的で所持	輸出

〔題意〕　法第9条（非法定計量単位による目盛等を付した計量器）第1項及び第2

項の規定の語句についての問題。

〔解 説〕　法第9条第1項の規定により，（ア）は「販売し，又は販売を目的で陳列」が，同条第2項の規定により，（イ）は「輸出」が該当するので，**4**の語句の組合せが正しい。

〔正 解〕　**4**

------ **〔問〕4** ------

次に示す物象の状態の量に関する計量単位のうち，法定計量単位ではないものを一つ選べ。

　　　　（物象の状態の量）　　（計量単位）
1　　　圧力　　　　　　バール
2　　　照度　　　　　　ルクス
3　　　放射能　　　　　ベクレル
4　　　仕事　　　　　　カロリー
5　　　角度　　　　　　ラジアン

〔題 意〕　法定計量単位を定める法第3条（国際単位系に係る計量単位）別表第1，法第4条（その他の計量単位）別表第2，別表第3および法第5条（接頭語及び特殊の計量に用いる計量単位）に掲げる物象の状態の量と計量単位との組合せ以外の非法定計量単位の問題。

〔解 説〕　**1**の物象の状態の量「圧力」の計量単位は，法第3条（国際単位系に係る計量単位）別表第1の下欄により「パスカル又はニュートン毎平方メートル，バール」と定めており，「バール」は法定計量単位である。**1**は正しい。

2の物象の状態の量「照度」の計量単位は，法第3条（国際単位系に係る計量単位）別表第1の下欄により「ルクス」と定められており，「ルクス」は法定計量単位である。**2**は正しい。

3の物象の状態の量「放射能」の計量単位は，法第3条（国際単位系に係る計量単位）別表第1の下欄により「ベクレル，キュリー」と定められており，「ベクレル」は法定計量単位である。**3**は正しい。

5 の物象の状態の量「角度」の計量単位は，法第3条（国際単位系に係る計量単位）別表第1の下欄により「ラジアン，度，秒，分」と定められており，「ラジアン」は法定計量単位である。**5** は正しい。

4 の物象の状態の量「仕事」の計量単位は，法第3条（国際単位系に係る計量単位）別表第1の下欄により「ジュール又はワット秒，ワット時」と定められており，「カロリー」は法定計量単位でない。**4** は誤り。

なお，計量単位の「カロリー」は，法第5条第2項の「特殊の計量に用いる計量単位」として政令で定める計量単位令第5条（特殊の計量に用いる計量単位）別表第6で，「人若しくは動物が摂取する物の熱量又は人若しくは動物が代謝により消費する熱量の計量」の物象の状態の量の計量単位として「カロリー，キロカロリー，メガカロリー，ギガカロリー」が，規定されている。

〔正解〕 4

---- **問 5** ----

次に示す計量法第12条第1項の政令で定める商品（特定商品）と，その特定物象量（特定商品ごとに政令で定める物象の状態の量）の組合せとして，誤っているものを一つ選べ。

	（特定商品）	（特定物象量）
1	はちみつ	質量
2	しょうゆ	体積
3	食用植物油脂	体積
4	潤滑油	体積
5	アルコールを含む飲料（医薬用のものを除く。）	体積

〔題意〕 法第12条（特定商品の計量）第1項の政令で定める商品（特定商品）と特定物象量についての組合せの問題。

〔解説〕 法第12条第1項で委任する特定商品の販売に係る計量に関する政令第1条別表第1の第1欄の特定商品と，同政令第2条別表第1の第2欄の特定物象量の関係で，**1**，**2**，**4** および **5** は政令で定めるとおりで誤っていない。設問 **3** の別表第1第

1欄第十八号の「食用植物油脂」は，同表第2欄の特定物象量が「質量」と定めており，**3** の組合せが誤っている。

〔正 解〕 **3**

---- 問 6 ----

計量法第15条第1項（特定商品の販売又は輸入の事業を行う者に対する勧告等）に関する次の記述の（　ア　）及び（　イ　）に入る語句の組合せとして，正しいものを一つ選べ。

（　ア　）は，第12条第1項若しくは第2項に規定する者がこれらの規定を遵守せず，第13条第1項若しくは第2項に規定する者が同条各項の規定を遵守せず，又は第14条第1項若しくは第2項に規定する者が同条各項の規定を遵守していないため，（　イ　）おそれがあると認めるときは，これらの者に対し，必要な措置をとるべきことを勧告することができる。

	（ア）	（イ）
1	経済産業大臣	適正な計量の実施の確保に著しい支障を生じる
2	経済産業大臣	当該特定商品を購入する者の利益が害される
3	都道府県知事又は特定市町村の長	適正な計量の実施の確保に著しい支障を生じる
4	都道府県知事又は特定市町村の長	我が国の経済の発展及び国民生活の向上を妨げる
5	都道府県知事又は特定市町村の長	当該特定商品を購入する者の利益が害される

〔題 意〕　法第15条（勧告等）の規定の語句についての問題。

〔解 説〕　法第15条第1項の規定により，（ア）は「都道府県知事又は特定市町村の長」が，（イ）は「当該特定商品を購入する者の利益が害される」が該当するので，**5** の

語句の組合せが正しい。

【正解】 **5**

------ 問 **7** ------

計量法第18条の使用方法等の制限に関する次の記述の（　ア　）～（　ウ　）に入る語句の組合せとして，正しいものを一つ選べ。

第18条　特定の方法に従って使用し，又は特定の物若しくは一定の範囲内の
　　　　計量に使用しなければ正確に計量をすることができない（　ア　）であっ
　　　　て政令で定めるものは，政令で定めるところにより使用する場合でなけれ
　　　　ば，（　イ　）における（　ウ　）による計量に使用してはならない。

	（ア）	（イ）	（ウ）
1	特定計量器	取引又は証明	法定計量単位
2	計量器	特定商品の販売	法定計量単位
3	特定計量器	特定商品の販売	特定の計量単位
4	計量器	取引又は証明	特定の計量単位
5	特定計量器	特定商品の販売	法定計量単位

【題意】　法第18条（使用方法等の制限）の特定計量器の使用方法等の制限に係る規定の語句の組合せについての問題。

【解説】　法第18条の規定により，（ア）は「特定計量器」が，（イ）は「取引又は証明」が，（ウ）は「法定計量単位」が該当するので，**1**の語句の組合せが正しい。

【正解】 **1**

------ 問 **8** ------

定期検査に関する次のア～エの記述のうち，誤っているものをすべて挙げている組合せはどれか，次の**1**～**5**の中から一つ選べ。

　ア　特定計量器のうち，非自動はかり，分銅及びおもりを取引又は証明に使
　　　用する者は，その特定計量器について，その使用場所を管轄する市町村の

長が行う定期検査を受けなければならない。

イ　都道府県知事が定期検査の実施について計量法の規定に基づき公示した
　　ときは，当該定期検査を行う区域内の市町村の長は，その対象となる特定
　　計量器の数を調査し，経済産業省令で定めるところにより，都道府県知事
　　に報告しなければならない。

ウ　特定計量器の定期検査の合格条件の一つは，その器差が経済産業省令で
　　定める使用公差を超えないこと，である。そして，その条件に適合するか
　　どうかは，経済産業省令で定める方法により，基準器と特定標準器を併用
　　することによって定めなければならない。

エ　定期検査に代わる計量士による検査をした計量士は，その特定計量器が
　　定期検査の合格条件に適合するときは，経済産業省令で定めるところによ
　　り，その旨を記載した適合証をその所在地を管轄する都道府県知事に届け
　　出ることにより，その特定計量器に経済産業省令で定める方法により表示
　　及び検査をした年月を付することができる。

1　ア，ウ
2　ア，ウ，エ
3　イ，ウ，エ
4　イ，エ
5　ウ，エ

〔題　意〕　定期検査について，法第19条から第25条まで，制度の全般についての
理解度を問う問題。

〔解　説〕　アは，法第19条（定期検査）第1項の規定で，「特定計量器のうち，…
（中略）…その特定計量器について，その事業所の所在地を管轄する都道府県知事（そ
の所在地が特定市町村の区域にある場合にあっては，特定市町村の長）が行う定期検
査を受けなければならない。…（以下略）」と定めており，設問アの「特定計量器のう
ち，…（中略）…その特定計量器について，その使用場所を管轄する市町村の長が行
う定期検査を受けなければならない。」の記述は，誤っている。

　イは，法第 22 条（事前調査）の規定で，「都道府県知事が定期検査の実施について前条第 2 項により公示したときは，当該定期検査を行う区域内の市町村の長は，その対象となる特定計量器の数を調査し，経済産業省令で定めるところにより，都道府県知事に報告しなければならない。」と定めており，設問イの記述は，規定どおりで正しい。

　ウは，法第 23 条（定期検査の合格条件）第 1 項第 3 号で「その器差が経済産業省令で定める使用公差を超えないこと。」と，同条第 3 項で「第一項第三号に適合するかどうかは，経済産業省令で定める方法により，第百二条第一項の基準器検査に合格した計量器（第七十一条第三項の経済産業省令で定める特定計量器の器差については，同項の経済産業省令で定める標準物質）を用いて定めるものとする。」と定めており，設問ウの「特定計量器の定期検査の合格条件の一つは，…（中略）…，経済産業省令で定める方法により，基準器と特定標準器を併用することよって定めなければならない。」の記述は，誤っている。

　エは，法第 25 条（定期検査に代わる計量士による検査）第 3 項で「第一項の検査をした計量士は，その特定計量器が第二十三条（定期検査の合格条件）第一項各号に適合するときは，経済産業省令で定めるところにより，その旨を記載した証明書をその特定計量器を使用する者に交付し，その特定計量器に経済産業省令で定める方法により表示及び検査をした年月を付することができる。」と定めており，設問エの「定期検査に代わる計量士による検査をした計量士は，…（中略）…，その旨を記載した適合証をその所在地を管轄する都道府県知事に届け出ることにより，…（以下略）」の記述は，誤っている。

　よって，誤っている記述の設問は，「ア」，「ウ」および「エ」であり，誤っている組合せは，**2** である。

　[正 解]　**2**

-------- 問 9 --------

　指定定期検査機関に関する次の記述の中から，誤っているものを一つ選べ。

　1　計量法又は計量法に基づく命令の規定に違反し，罰金以上の刑に処せられ，その執行を終わり，又は執行を受けることがなくなった日から 2 年を

経過しない者は，指定定期検査機関の指定を受けることができない。

2　指定定期検査機関は，検査業務に関する規程を定め，都道府県知事又は特定市町村の長の認可を受けなければならない。

3　指定定期検査機関は，検査業務の全部又は一部を休止し，又は廃止しようとするときは，経済産業省令で定めるところにより，あらかじめ，その旨を都道府県知事又は特定市町村の長に届け出なければならない。

4　都道府県知事又は特定市町村の長は，指定定期検査機関が指定の基準である計量法第28条第1号から第5号までに適合しなくなったと認めるときは，その指定定期検査機関に対し，これらの規定に適合するために必要な措置をとるべきことを命ずることができる。

5　指定定期検査機関は，経済産業省令で定める器具，機械又は装置を管理する事業所の所在地を変更しようとするときは，変更しようとする日の2週間前までに，その指定をした都道府県知事又は特定市町村の長に届け出なければならない。

〔題　意〕　指定定期検査機関についての法第27条（欠格事項）から法第37条（適合命令）まで，制度の全般についての規定の理解度を問う問題。

〔解　説〕　**1**は，法第27条本条および同条第1号の規定どおりで，正しい。

2は，法第30条（業務規程）第1項の規定どおりで，正しい。

3は，法第32条（業務の休廃止）の規定どおりで，正しい。

4は，法第37条の規定どおりで，正しい。

5は，法第30条第1項で「指定検定機関は，検査に関する規程（以下「業務規程」という。）を定め，都道府県知事又は特定市町村の長の認可を受けなければならない。これを変更しようとするときも，同様とする。」と，同条第2項で「業務規程で定めるべき事項は，経済産業省令で定める。」と，同条第2項で委任する経済産業省令の「指定定期検査機関，指定検定機関，指定計量証明検査機関及び特定計量証明認定機関の指定等に関する省令」第3条（業務規程）第2項第七号で「定期検査に使用する検査設備に関する事項」と定めており，**5**の「（前略）…，変更しようとする日の二週間前までに，その指定した都道府県知事又は特定市町村の長に届け出なければならない。」の記

述は，誤っている。

〔正解〕 5

------- 〔問〕 10 -------

特定計量器の製造及び修理に関する次の記述の中から，誤っているものを一つ選べ。

1 届出製造事業者は，その届出に係る事業を廃止したときは，遅滞なく，その旨を経済産業大臣に届け出なければならない。

2 特定計量器の製造の事業を行おうとする者（自己が取引又は証明における計量以外にのみ使用する特定計量器の製造の事業を行う者を除く。）が，経済産業省令で定める事業の区分に従い，あらかじめ，経済産業大臣に届け出なければならない事項の一つとして，当該特定計量器を製造しようとする工場又は事業場の名称及び所在地，がある。

3 届出製造事業者は，特定計量器を製造したときは，経済産業省令で定める基準に従って，当該特定計量器の検定を行わなければならない。

4 届出修理事業者は，計量法第46条第1項各号（事業の区分を除く。）の届出事項に変更があったときは，遅滞なく，その旨を都道府県知事（電気計器の届出修理事業者にあっては，経済産業大臣）に届け出なければならない。

5 届出製造事業者又は届出修理事業者は，計量法第72条第2項の政令で定める特定計量器であって一定期間の経過後修理が必要となるものとして政令で定めるものについて，経済産業省令で定める基準に従って修理をしたときは，経済産業省令で定めるところにより，これに表示を付することができる。

〔題意〕 特定計量器の製造または修理について，法第40条（事業の届出）から法第50条（有効期間のある特定計量器に係る修理）まで，制度の全般についての理解度を問う問題。

〔解説〕 1は，法第45条（廃止の届出）第1項の規定どおりで，正しい。

2は，法第40条第1項の本条及び同項第3号の規定どおりで，正しい。

4は，法第46条（修理事業の届出）第2項の「読み替え規定」で準用する法第42条（変更の届出等）第1項の規定どおりで，正しい。

5は，法第50条第1項の規定どおりで，正しい。

3は，法第43条（検査義務）の規定で，「届出製造事業者は，特定計量器を製造したときは，経済産業省令で定める基準に従って，当該特定計量器の<u>検査</u>を行わなければならない。…（以下略）」とあるが，**3**の「（前略）…，当該特定計量器の<u>検定</u>を行わなければならない。」の記述では「<u>検査</u>」を「<u>検定</u>」としているので，誤っている。

〔正 解〕 **3**

──── 〔問〕 **11** ────────────────────────────

特殊容器に関する次の記述の中から，誤っているものを一つ選べ。

1 計量法第17条第1項の指定は，特殊容器の製造の事業を行う者又は外国において本邦に輸出される特殊容器の製造の事業を行う者の申請により，その工場又は事業場ごとに行う。

2 計量法第17条第1項の政令で定める商品（特殊容器の使用に係る商品）の一つとして，しょうゆ，がある。

3 指定製造者の指定は，政令で定める期間ごとにその更新を受けなければ，その期間の経過によって，その効力を失う。

4 特殊容器とは，透明又は半透明の容器であって経済産業省令で定めるものをいう。

5 経済産業大臣は，指定製造者が計量法第60条第2項各号に適合しなくなったと認めるときは，その指定製造者に対し，これらの規定に適合するために必要な措置をとるべきことを命ずることができる。

────────────────────────────────────

〔題 意〕 特殊容器について，法第17条，法第58条および法第64条など制度全般についての理解度を問う問題。

〔解 説〕 **1**は，法第58条（指定）の規定どおりで，正しい。

2は，法第17条（特殊容器の使用）第1項で委任する政令（施行令第8条）で定める

特殊容器使用可能商品として「しょうゆ」が定めており，**2** の記述は正しい。

　4 は，法第 17 条第 1 項の規定で，「(前略)…特殊容器（<u>透明又は半透明の容器であって経済産業省令で定めるものをいう。以下同じ。</u>）であって，…（以下略）」と定めており，**4** の記述は正しい。

　なお，「透明又は半透明の容器であって経済産業省令で定めるもの」は，施行規則第 26 条によって「日本工業規格 S 二三五〇容器表示付きガラス製びん（壜）の材質を有する容器とする。」と定めている。

　5 は，法第 64 条（適合命令）の規定どおりで，正しい。

　3 は，法第 66 条（指定の失効）で「指定製造者がその指定に係る事業を廃止したときは，その指定の効力を失う。」との規定はあるが，**3** の記述の「指定製造者の指定は，政令で定める期間ごとにその更新を受けなければ，その期間の経過によって，その効力を失う。」との指定の更新の規定は定められていないので，誤っている。

〔正 解〕　**3**

----- 〔問〕 12 -----

　定期検査，検定及び装置検査に関する次の記述の中から，正しいものを一つ選べ。

　1　定期検査を行った特定計量器の合格条件の一つとして，その構造が経済産業省令で定める技術上の基準に適合すること，がある。また，検定を行った特定計量器の合格条件の一つとして，その性能が経済産業省令で定める技術上の基準に適合すること，がある。

　2　定期検査に合格した特定計量器には，経済産業省令で定めるところにより，定期検査済証印を付し，当該定期検査済証印には，その定期検査を行った年月を表示するものとする。

　3　計量法第 19 条第 1 項（定期検査）の政令で定める特定計量器の検定証印には，その検定を行った年月及び検定証印の有効期間満了の年月を表示するものとする。

　4　非自動はかりのうち，検出部が電気式のものであって型式の承認に係る表示が付されたものの検定の申請書は，日本電気計器検定所に提出するも

のとする。

5　経済産業大臣，都道府県知事，日本電気計器検定所又は指定検定機関は，経済産業省令で定める方法により装置検査を行い，車両等装置用計量器が経済産業省令で定める技術上の基準に適合するときは合格とし，経済産業省令で定めるところにより，装置検査証印を付するものとする。

――――――――――――――――――――――――――

〔題　意〕　特定計量器の定期検査，検定および装置検査に関する，規定の内容の理解度を問う問題。

〔解　説〕　**1**は，法第23条（定期検査の合格条件）第1項第2号で「その<u>性能</u>が経済産業省令で定める技術上の基準に適合すること。」と，また，法第71条（検定の合格条件）第1項第1号で「その<u>構造</u>（性能及び材料の性質を含む。以下同じ。）が経済産業省令で定める技術上の基準に適合すること。」と定期検査及び検定の合格条件が定められており，**1**の「定期検査を行った特定計量器の合格条件の一つとして，その構造が経済産業省令で定める技術上の基準に適合すること，がある。また，検定を行った特定計量器の合格条件の一つとして，その<u>性能</u>が経済産業省令で定める技術上の基準に適合すること。」の記述は誤っている。

3は，法第19条（定期検査）第1項で委任する政令（施行令第10条第1項）第1号で「非自動はかり（第五条第一号又は第二号に掲げるものを除く。），分銅及びおもり」と，同項第2号で「皮革面積計」と定期検査対象の特定計量器が定められている。また，法第72条（検定証印）第3項で「法第十九条第一項又は第百十六条第一項の政令で定める特定計量器の検定証印には，その<u>検定を行った年月を表示する</u>ものとする。」と定められている。**3**の「計量法第十九条第一項（定期検査）の政令で定める特定計量器の検定証印には，その検定を行った年月及び<u>検定証印の有効期間満了の年月を表示</u><u>する</u>ものとする。」との記述は誤っている。

4は，法第70条（検定の申請）で委任する政令（施行令第17条）第1項別表第4の上欄で「二　質量計　イ　非自動はかりのうち，ばね式指示はかり及び検出部が電気式のもの」，中欄で型式の承認に係る表示か付されたもの「<u>都道府県知事又は指定検定機</u><u>関</u>」と検定の申請書の提出先が定められており，**4**の「非自動はかりのうち，検出部が電気式のものであって型式の承認に係る表示が付されたものの検定の申請書は，<u>日本</u><u>電気計器検定所</u>に提出するものとする。」との記述は誤っている。

5は，法第75条（装置検査）第2項で「経済産業大臣，都道府県知事又は指定検定機関は，…（以下略）」と定められており，**5**の「経済産業大臣，都道府県知事，日本電気計器検定所又は指定検定機関は，…（以下略）」の記述は誤っている。

2は，法第24条（定期検査済証印等）第1項および第2項の規定どおりで，正しい。

〔**正 解**〕 **2**

──── 〔**問**〕**13** ────────────────────

特定計量器の型式の承認に関する次の記述の中から，正しいものを一つ選べ。

　1　承認製造事業者は，必要な試験等を実施し，技術基準を満たしたことを自己宣言することにより，特定計量器の型式承認に代えることができる。

　2　特定計量器の型式の承認は，特定計量器ごとに政令で定める期間ごとにその更新を受けなければ，その期間の経過によって，その効力を失う。

　3　届出製造事業者又は届出販売事業者は，その製造又は販売する特定計量器の型式について，政令で定める区分に従い，経済産業大臣又は日本電気計器検定所の承認を受けることができる。

　4　有効期間のある特定計量器に付する表示には，その型式の有効期間満了の年を表示するものとする。

　5　承認製造事業者は，その承認に係る型式に属する特定計量器を製造するときは，いかなる場合であっても，当該特定計量器が製造技術基準に適合するようにしなければならない。

────────────────────────────

〔**題 意**〕　型式承認について，法第76条（製造事業者に係る型式の承認）から法第84条（承認の表示）まで，制度の全般についての理解度を問う問題。

〔**解 説**〕　**1**は，法第76条で型式の承認の規定が定めており，**1**のような記述内容の規定は定められてないので，誤っている。

3は，法第76条第1項で「届出製造事業者は，その製造する特定計量器の型式について，…（以下略）」と定めており，**3**の「届出製造事業者又は届出販売事業者は，その製造又は販売する特定計量器の型式の承認について，…（以下略）」の記述は誤っている。

4 は，法第 84 条第 2 項で「第 50 条第 1 項（有効期間のある特定計量器に係る修理）の政令で定める特定計量器に対する前項の表示（型式承認）には，<u>その表示を付した年を表示するものとする</u>。」と定めており，**4** の「（前略）…表示には，<u>その型式の有効期間満了の年を表示するものとする</u>。」の記述は正しくない。

なお，有効期間のある特定計量器の検定証印に付する表示は，法第 72 条（検定証印）第 2 項で「（前略）…政令（施行令第十八条）で定める特定計量器の検定証印の有効期間は，その政令で定める期間とし，その<u>満了の年月を検定証印に表示する</u>ものとする。」と定めている。

5 は，法第 80 条（承認製造事業者に係る基準適合義務）で，「承認製造事業者は，その承認に係る型式に属する特定計量器を製造するときは，…（中略）…経済産業省令で定める技術上の基準（製造技術基準）に適合するようにしなければならない。ただし，<u>輸出のため当該当該特定計量器を製造する場合においてあらかじめ都道府県知事に届け出たとき，及び試験的に当該特定計量器を製造する場合は，この限りでない</u>。」と定めており，**5** の「（前略）…，<u>いかなる場合であっても</u>，…（以下略）」の記述は，誤っている。

2 は，法第 83 条（型式承認の有効期間等）第 1 項の規定どおりで，正しい。

〔正 解〕 2

---------- **〔問〕14** ----------

指定製造事業者に関する次の記述の中から，誤っているものを一つ選べ。

1　経済産業大臣は，指定製造事業者の指定の申請に係る工場又は事業場における品質管理の方法が経済産業省令で定める基準に適合すると認めるときでなければ，その指定をしてはならない。

2　計量法第 99 条の規定により指定を取り消され，その取消しの日から 2 年を経過しない者は，再び指定を受けることができない。

3　指定製造事業者の指定を受けようとする届出製造事業者は，当該工場又は事業場における品質管理の方法について，その指定に係る特定計量器の検定を行う指定検定機関の調査を受けなければならない。

4　経済産業大臣は，指定製造事業者の指定に係る工場又は事業場における

品質管理の方法が経済産業省令で定める基準に適合していないと認めるときは，当該指定製造事業者に対し，当該特定計量器の検査のための器具，機械又は装置の改善，品質管理の業務の改善その他の必要な措置をとるべきことを命ずることができる。

5 指定製造事業者は，その指定に係る申請書に記載した品質管理の方法に関する事項（経済産業省令で定めるものに限る。）に変更があったときは，遅滞なく，その旨を経済産業大臣に届け出なければならない。

[題 意] 指定製造事業者について，法第92条（指定の基準）から法第98条（改善命令）まで，制度の全般についての規定の理解度を問う問題。

[解 説] **1** は，法第92条第2項の規定どおりで，正しい。

2 は，法第92条第1項本条および同項第2号の規定どおりで，正しい。

4 は，法第98条の本条および同条第1号の規定どおりで，正しい。

5 は，法第94条（変更の届出等）第1項の規定どおりで，正しい。

3 は，法第93条（指定検定機関の調査）第1項で「（前略）…指定検定機関の調査を受けることができる。」と定めており，**3** の「（前略）…指定検定機関の調査を受けなければならない。」の記述は誤っている。

[正 解] **3**

[問] 15

基準器検査に関する次の記述の中から，誤っているものを一つ選べ。

1 基準器検査は，政令で定める区分に従い，経済産業大臣，都道府県知事，特定市町村の長又は日本電気計器検定所が行う。

2 計量器が基準器検査に合格したときは，基準器検査を申請した者に対し，基準器検査成績書を交付する。

3 基準器検査に合格した計量器には，経済産業省令で定めるところにより，以下の基準器検査証印を付す。

4 経済産業省令で定める者以外は基準器検査を受けることができない。

5 基準器検査の合格条件は，基準器検査を行った計量器の構造が経済産業省令で定める技術上の基準に適合し，かつ，その器差が経済産業省令で定める基準に適合することである。

〔題意〕 基準器検査について，法第102条（基準器検査）から法第105条（基準器検査成績書）まで，制度の全般についての規定の理解度を問う問題。

〔解説〕 **2**は，法第105条第1項で「基準器検査に合格したときは，基準器検査を申請した者に対し，…（中略）…基準器検査成績書を交付する。」と定めており，**2**の記述は規定どおりで，正しい。

3は，法第104条（基準器検査証印）第1項で「基準器検査に合格した計量器（以下「基準器」という。）には，経済産業省令で定めるところにより，基準器検査証印を付する。」と，同項同号で委任する省令（基準器検査規則第19条）で**3**の図の「基準器検査証印の形状」が定められており，**3**の記述は規定どおりで，正しい。

4は，法第102条第2項で「基準器検査…（中略）…及びこれを受けることができる者は，経済産業省令で定める。」と，同条同項で委任する基準器検査規則第2条で「基準器を用いる計量器の検査及び基準器検査を受けることができる者」が定められており，**4**の記述は規定どおりで，正しい。

5は，法第103条（基準器検査の合格条件）第1項の本条で「基準器検査を行った計量器が次の各号に適合するときは，合格とする。」と，同項第1号で「その構造が経済産業省令で定める技術上の基準に適合すること。」と，同項第2号で「その器差が経済産業省令で定める基準に適合すること。」と定めており，**5**の記述は規定どおりで，正しい。

1は，法第102条第1項で「（前略）…経済産業省令で定めるものに用いる計量器の検査（以下「基準器検査」という。）は，政令で定める区分に従い，経済産業大臣，都道府県知事又は日本電気計器検定所が行う。」と定めており，**1**の「基準器検査は，政令で定める区分に従い，経済産業大臣，都道府県知事，特定市町村の長又は日本電気計器検定所が行う。」の記述は誤っている。

〔正解〕 **1**

---- 問 16 ----

計量法第 110 条に関する次の記述の（　ア　）〜（　ウ　）に入る語句の組合せとして，正しいものを一つ選べ。

第 110 条　第 107 条の登録を受けた者（以下「計量証明事業者」という。）は，その登録に係る（　ア　）の方法に関し経済産業省令で定める事項を記載した（　イ　）を作成し，その登録を受けた後，遅滞なく，（　ウ　）に届け出なければならない。これを変更したときも，同様とする。

2　（　ウ　）は，計量証明の適正な実施を確保する上で必要があると認めるときは，計量証明事業者に対し，前項の規定による届出に係る（　イ　）を変更すべきことを命ずることができる。

	（ア）	（イ）	（ウ）
1	事業の実施	業務規程	経済産業大臣
2	計量管理	事業規程	経済産業大臣
3	品質管理	事業規程	都道府県知事
4	事業の実施	事業規程	都道府県知事
5	計量管理	業務規程	都道府県知事

［題 意］　計量証明事業について，法第 110 条（事業規程）の規定の条文から取り出した三つの語句の組合せについての問題。

［解 説］　法第 110 条第 1 項および第 2 項の規定により，（ア）は「事業の実施」と，（イ）は「事業規程」と，（ウ）は「都道府県知事」と定められており，**4** の語句の組合せが正しい。

［正 解］　**4**

---- 問 17 ----

計量証明検査に関する次の記述の中から，誤っているものを一つ選べ。

1　都道府県知事は，その指定する者（指定計量証明検査機関）に，計量証明検査を行わせることができる。

2　計量証明検査に合格しなかった特定計量器に検定証印等が付されている
ときは，その検定証印等を除去する。

3　適正計量管理事業所の指定を受けた計量証明事業者がその指定に係る事
業所において使用する特定計量器は，都道府県知事が行う計量証明検査を
受ける必要はない。

4　計量証明検査の合格条件の一つとして，計量証明検査を行った特定計量
器の構造及び誤差が経済産業省令で定める技術上の基準に適合すること，
がある。

5　指定計量証明検査機関の指定は，経済産業省令で定めるところにより，
検査業務を行おうとする者の申請により行う。

［題 意］　計量証明検査について，法第116条（計量証明検査）から法第121条（指
定計量証明検査機関の指定等）まで，制度の全般についての規定の理解度を問う問題。

［解 説］　**1**は，法第117条（指定計量証明検査機関）第1項の規定どおりで，正し
い。

2は，法第119条（計量証明検査済証印等）第3項の規定どおりで，正しい。

3は，法第116条第1項本条で，「（前略）…，その登録をした都道府県知事が行う
検査（以下「計量証明検査」という。）を受けなければならない。ただし，次に掲げる
特定計量器については，この限りでない。」と，ただし書きは同項第2号で「第百二十
七条（適正計量管理事業所の指定）第一項の指定を受けた計量証明事業者がその指定
に係る事業所において使用する特定計量器（前号に掲げるものを除く。）」と定めてお
り，**3**の記述は規定どおりで，正しい。

5は，法第121条第1項の規定どおりで，正しい。

4は，法第118条（計量証明検査の合格条件）第1項の本条で「計量証明検査を行っ
た特定計量器が次の各号に適合するときは，合格とする。」と，同項第1号で「検定証
印等（第七十二条第二項の政令で定める特定計量器にあっては，有効期間を経過して
ないものに限る。）が付されていること。」と，同項第2号で「その性能が経済産業省令
で定める技術上の基準に適合すること。」と，同項第3号で「その器差が経済産業省令
で定める使用公差を超えないこと。」と計量証明検査の合格条件が定めており，**4**の

「（前略）…計量証明検査を行った特定計量器の構造及び誤差が経済産業省令で定める技術上の基準に適合すること，がある。」の記述は誤っている。

〔正解〕 **4**

────── 問 **18** ──────

特定計量証明事業に関する次の記述の中から，正しいものを一つ選べ。

1　計量法第 121 条の 2 では，特定計量証明事業を行おうとする者は，政令で定める事業の区分に従い，経済産業大臣又は経済産業大臣の登録を受けた者（特定計量証明認定機関）に申請して，同条の認定を受けなければならない，と定められている。

2　特定計量証明事業を行おうとする者が計量法第 121 条の 2 の特定計量証明事業の認定を受けるための要件には，計量証明に使用する特定計量器その他の器具，機械又は装置が経済産業省令で定める基準に適合するものであること，は該当しない。

3　特定計量証明事業を行おうとする者は，政令で定める事業の区分にかかわらず，計量法第 121 条の 2 の認定を受けていなければ，同法第 107 条の都道府県知事による特定計量証明事業の登録を受けることができない。

4　都道府県知事による特定計量証明事業の登録は，3 年を下らない政令で定める期間ごとにその更新を受けなければ，その期間の経過によって，その効力を失う。

5　計量法第 121 条の 2 の特定計量証明事業の認定を受けた者は，その認定に係る事業の全部又は一部を休止し，又は廃止しようとするときは，経済産業省令で定めるところにより，あらかじめ，経済産業大臣に，その旨の許可を受けなければならない。

────────────────

〔題意〕　特定計量証明事業について，法第 121 条の 2（認定）から法第 121 条の 6（準用）まで，制度全般についての理解度を問う問題。

〔解説〕　1 は，法第 121 条の 2 の規定で，「特定計量証明事業…（中略）…を行お

うとする者は，経済産業省令で定める事業区分に従い，経済産業大臣又は経済産業大臣が指定した者（特定計量証明認定機関）に申請して，その事業が次の各号に適合している旨の認定を受けることができる。…（以下略）」と定めており，**1**の「（前略）…政令で定める事業の区分に従い，経済産業大臣又は経済産業大臣の登録を受けた者（特定計量証明認定機関）に申請して，同条の認定を受けなければならない。」の記述は，誤っている。

3は，法第 121 条の 2 の規定で「特定計量証明事業（第百七条第二号に規定する物象の状態の量で極めて微量のものの計量証明を行うための高度の技術を必要とするものとし政令で定める事業をいう。以下この条において同じ。）を行おうする者は，経済産業省令で定める事業区分に従い，経済産業大臣又は経済産業大臣が指定した者（以下「特定計量証明認定機関」という。）に申請して，…（中略）…認定を受けることができる。」と，法第 107 条第 2 号の規定は「濃度，音圧レベルその他の物象の状態の量で政令で定めるものの計量証明事業を行う者として都道府県知事が登録する。」と定めており，**3**の「特定計量証明事業を行おうとする者は，政令で定める事業区分にかかわらず，…（中略）…同法第百七条の都道府県知事による特定計量証明事業の登録を受けることができない。」との記述は誤っている。

なお，特定計量証明事業者は，法第 107 条（計量証明の事業の登録）の都道府県知事の計量証明事業の登録事業者（濃度，音圧レベルその他の物象の状態の量で政令で定める計量証明）であって，「極めて微量のものの計量証明を行うために高度の技術を必要とするものとして政令で定める」計量証明を行う事業者として「経済産業大臣又は経済産業大臣が指定した者」（特定計量証明認定機関）に申請して，認定を受けた者である（法第 121 条の 2）。

4は，法第 121 条の 4（認定の更新）で「第百二十一条の二の認定は，三年を下らない政令で定める期間ごとにその更新を受けなければ，その期間の経過によって，その効力を失う。」と，法第 121 条の 2 で「特定計量証明事業…（中略）…を行おうとする者は，経済産業省令で定める事業区分に従い，経済産業大臣又は経済産業大臣が指定した者（以下「特定計量証明認定機関」という。）に申請して，…（中略）…認定を受けることができる。」と定めており，**4**の「都道府県知事による特定計量証明事業の登録は，…（以下略）」の記述は誤っている。

5は，法第 121 条の 6（準用）で「（前略）…，第六十五条及び…（中略）…の規定は，

認定特定計量証明事業者に準用する。」と，この準用規定の法第65条（廃止の届出）は「特定計量証明事業者は，その認定に係る事業を廃止したときは，遅滞なく，その旨を経済産業大臣に届け出なければならない。」と定めており，**5**の「計量法第百二十一条の二の特定計量証明事業の認定を受けた者は，その認定に係る事業の全部又は一部を休止し，又は廃止しようとするときは，経済産業省令で定めるところにより，あらかじめ，経済産業大臣に，その旨の許可を受けなければならない。」の記述は誤っている。

2は，法第121条の2で「特定計量証明事業を行おうとする者は，…（中略）…に申請して，その事業が次の各号に適合している旨の認定を受けることができる。」と，同条第1号で「特定計量証明事業を適正に行うに必要な管理組織を有するものであること。」と，同条第2号で「特定計量証明事業を適確かつ円滑に行うに必要な技術的能力を有するものであること。」と，同条第3号で「特定計量証明事業を適正に行うに必要な業務の実施の方法が定められているものであること。」と定められており，**2**の「特定計量証明事業を行おうとする者は，…（中略）…認定を受けるための要件には，計量証明に使用する特定計量器その他の器具，機械又は装置が経済産業省令で定める基準に適合するものであること，は該当しない。」との記述は正しい。

【正解】 **2**

---- 問 **19** ----

特定計量証明事業に関する次の記述の中から，正しいものを一つ選べ。

1 認定特定計量証明事業者は，計量証明に係る証明書以外の，業務上発行する文書にも経済産業省令で定める標章を付すことができる。

2 認定特定計量証明事業者は，特定計量証明事業を適正に行うに必要な管理組織に変更があったときは，遅滞なく，その旨を経済産業大臣に届け出なければならない。

3 計量法第148条の規定により，経済産業大臣は，計量法の施行に必要な限度において，その職員に，認定特定計量証明事業者に対する立入検査を行わせることができる。

4 経済産業大臣は，認定特定計量証明事業者が計量法第121条の2各号の

すべてに適合しなくなったと認めるときは，その認定を取り消し，又は1年以内の期間を定めて，その認定を一時停止することができる。

5　計量法第121条の5の規定により特定計量証明事業の認定を取り消され，その取消しの日から2年を経過しない者は，同法第121条の2の認定を受けることができない。

［題意］　特定計量証明事業に関する制度の全般についての理解度を問う問題。

［解説］　**1**は，法第121条の3（証明書の交付）第3項で「前項に規定するもののほか，認定特定計量証明事業者は，計量証明に係る証明書以外のものに，第一項の標章又はこれと紛らわしい標章を付してはならない。」と定めており，**1**の「（前略）…証明書以外の，業務上発行する文書にも経済産業省令で定める標章を付すことができる。」の記述は誤っている。

2は，計量法施行規則第49条の6（変更の届出等）で「認定特定計量証明事業者は，…（中略）…を行う事業所の名称又は第四十九条の三第三号及び第四号ロからニまでの掲げる事項（経済産業大臣が別に定めるものに限る。）を変更したときは，遅滞なく…（中略）…認定をした認定機関等に提出しなければならない。…（以下略）」と，施行規則第49条の3（認定の申請）第3号で「特定計量証明の事業の実施の方法を定めた書類」と，同条第4号ロで「特定計量証明事業に従事する者（経済産業大臣が別に定めるものに限る。）の氏名及びその略歴」と，同号ハで「特定計量証明事業に用いる器具，機械又は装置の数，性能，所在の場所及びその所有又は借入れの別」と，同号ニで「特定計量証明事業を行う施設の概要」と変更の届出等の規定が定められているが，**2**の「（前略）…適正に行うに必要な管理組織に変更があったときは，遅滞なく，その旨を経済産業大臣に届け出なければならない。」の記述は誤っている。

4は，法第121条の5（認定の取消し）で「経済産業大臣は，認定特定計量事業者が次の各号のいずれかに該当するときは，その認定を取り消すことができる。」と，同項第1号で「第百二十一条の二（認定）各号のいずれかに適合しなくなったとき。」と定めており，**4**の「（前略）…計量法第百二十一条の二各号のすべてに適合しなくなったと認めるときは，その認定を取り消し，又は一年以内の期間を定めて，その認定を一時停止することができる。」の記述は誤っている。

5は，法第121条の5（認定の取消し）で「経済産業大臣は，認定特定計量事業者が

次の各号のいずれかに該当するときは，その認定を取り消すことができる。」と，同項第 1 号で「第百二十一条の二（認定）各号のいずれかに適合しなくなったとき。」と，同項第 2 号で「不正の手段により第百二十一条の二の認定又は前条第一項の認定の更新を受けたとき。」と定めており，5 の「計量法第百二十一条の五（認定の取消し）…（中略）…認定を取り消され，その取消しの日から二年を経過しない者は，同法第百二十一条の二の認定を受けることができない。」との記述に該当する規定はないので，誤っている。

3 は，法第 148 条（立入検査）で「経済産業大臣又は…（中略）…は，この法律の施行に必要な限度において，その職員に，…（中略）…又は取引若しくは証明における計量する者の…（中略）…に立ち入り，…（中略）…検査させ，又は関係者に質問させることができる。」と定めており，3 の記述は規定どおりで，正しい。

〔正解〕 3

---------- 問 20

計量士に関する次の記述の中から，誤っているものを一つ選べ。

1　計量士の登録を受けるには，計量士国家試験に合格していること又は計量行政審議会の認定を受けていることが必要である。

2　経済産業大臣又は都道府県知事若しくは特定市町村の長は，計量法の施行に必要な限度において，計量士に対し，特定計量器の検査の業務の状況について報告させることができる。

3　計量法第 122 条第 2 項第 2 号の規定により計量行政審議会の認定を受けようとする者は，その住所又は勤務地を管轄する都道府県知事を経由して経済産業大臣に申請をしなければならない。

4　計量法又は計量法に基づく命令の規定に違反して，罰金以上の刑に処せられ，その執行を終わり，又は執行を受けることがなくなった日から 1 年を経過しない者は，計量士として登録を受けることができない。

5　計量士登録証の交付を受けた者は，その登録が取り消されたときは，遅滞なく，その住所又は勤務地を管轄する都道府県知事を経由して，当該計

量士登録証を経済産業大臣に返納しなければならない。

【題意】　計量士についての計量法および関係政令で定める制度の全般についての規定の理解度を問う問題。

【解説】　**1**は，法第122条（登録）第2項本条で「次の各号の一に該当する者は，…（中略）…，計量士になることができる。」と，同項第1号で「計量士国家試験に合格し，…（以下略）」と，同項第2号で「（前略）…，計量行政審議会が前号に掲げる者と同等以上の学識経験を有すると認めた者」と定めており，**1**の記述は規定どおりで，正しい。

2は，法第147条（報告の徴収）第1項で「経済産業大臣又は都道府県知事若しくは特定市町村の長は，この法律の施行に必要な限度において，政令で定めるところにより，…（中略）…，計量士，…（中略）…に対し，その業務に関し報告させることができる。」と，同条第1項で委任する施行令第39条別表6の上欄で「十一　計量士」，下欄に「特定計量器の検査の業務の状況」と定めており，**2**の記述は規定どおりで，正しい。

4は，法第122条第3項本文で「次の各号の一に該当する者は，第一項の規定による登録を受けることができない。」と，同項第一号で「この法律又はこの法律に基づく命令の規定に違反して，罰金以上の刑に処せられ，その執行を終わり，又は執行を受けることがなくなった日から一年を経過しない者」と定めており，**4**の記述は規定どおりで，正しい。

5は，施行令第37条（計量士登録証の返納）本条で「計量士登録証の交付を受けた者は，次の各号いずれかに該当することとなったときは，…（中略）…都道府県知事を経由して，当該計量士登録証を経済産業大臣に返納しなければならない。」と，同条第1号で「登録が取り消されたとき。」と定められており，**5**の記述は規定どおりで，正しい。

3は，施行令第30条（計量行政審議会の認定）第1項で「法第百二十二条第二項第二号の規定により計量行政審議会（以下「審議会」という。）の認定を受けようとする者は，…（中略）…都道府県知事を経由して，審議会に認定の申請をしなければならない。」と定められており，**3**の「（前略）…都道府県知事を経由して，経済産業大臣に申請をしなければならない。」の記述は誤っている。

［正 解］ 3

------- **［問］21** -------

計量法第122条第2項第1号の規定により，計量士国家試験に合格し，かつ，計量士の区分に応じて経済産業省令で定める実務の経験その他の条件に適合する者として，誤っているものを次の中から一つ選べ。

1 環境計量士（濃度関係）にあっては，経済産業省令で定める環境計量講習（濃度関係）を修了している者

2 環境計量士（濃度関係）にあっては，薬剤師の免許を受けている者

3 環境計量士（騒音・振動関係）にあっては，免許職種が公害検査科である職業訓練指導員免許を受けている者

4 一般計量士にあっては，経済産業省令で定める一般計量講習を修了している者

5 一般計量士にあっては，計量に関する実務（経済産業大臣が定める基準に適合しているもの。）に1年以上従事している者

［題 意］ 法第122条（登録）第2項第1号および同号で委任する経済産業省令（施行規則第51条第1項第1号・第2号・第3号）の条文規定に関する問題。

［解 説］ 1は，法第122条第2項第1号の規定により委任する施行規則第51条（登録の条件）第1項本条で「法第百二十二条第二項第一号の経済産業省令で定める条件は，次のとおりとする。」と，同項第1号で「環境計量士（濃度関係）にあっては，次のいずれかに該当すること。」と，同号ロで「第百十九条第五号に規定する環境計量教習（濃度関係）を修了していること。」と登録の適合条件を定めており，**1**の記述は規定どおりで，正しい。

2は，法第122条第2項第1号の規定により委任する施行規則第51条第1項第1号ハで「薬剤師の免許を受けていること。」と登録の適合条件を定めており，**2**の記述は規定どおりで，正しい。

3は，法第122条第2項第1号の規定により委任する施行規則第51条第1項第2号で「環境計量士（騒音・振動関係）にあっては，次のいずれかに該当すること。」と，同

号ハで「職業訓練指導員免許（免許職種が公害検査科であるものに限る。）を受けていること。」と登録の適合条件を定めており，**3**の記述は規定どおりで，正しい。

5は，法第 122 条第 2 項第 1 号の規定により委任する施行規則第 51 条第 1 項第 3 号で「一般計量士にあっては，計量に関する実務に一年以上従事していること。」と登録の適合条件を定めており，**5**の記述は規定どおりで，正しい。

4は，法第 122 条第 2 項第 1 号の規定により委任する施行規則第 51 条第 1 項第 3 号で「一般計量士にあっては，計量に関する実務に一年以上従事していること。」と適合条件を定めており，**5**の記述の「一般計量士にあっては，経済産業省令で定める一般計量講習を修了している者」との規定はないので，誤っている。

なお，法第 122 条第 2 項第 2 号で「国立研究開発法人産業技術総合研究所が行う法第百六十六条（計量に関する教習）第一項の教習の課程を修了し，かつ，計量士の区分に応じて経済産業省令で定める実務経験その他の条件に適合するものであって，計量行政審議会が前号に掲げる者と同等以上の学識経験を有すると認めた者。」と，同項で委任する経済産業省令（施行規則第 51 条）第 2 項第 3 号で「一般計量士にあっては，計量に関する実務に五年以上従事していること。」と定めている。

〔正 解〕　4

----- **問 22** ---

適正計量管理事業所に関する次の記述の中から，正しいものを一つ選べ。

1　適正計量管理事業所の指定の基準の一つとして，経済産業省令で定める条件に適合する知識経験を有する者が当該事業所で使用する特定計量器について定期検査を実施し，その数が経済産業省令で定める数以上であること，がある。

2　適正計量管理事業所の指定を受けた者は，当該適正計量管理事業所において，経済産業省令で定める様式の標識を掲げなければならない。

3　都道府県知事又は市町村の長は，特定計量器を使用する事業所であって，適正な計量管理を行うものについて，適正計量管理事業所の指定を行う。

4　適正計量管理事業所の指定は，3 年を下らない政令で定める期間ごとにその更新を受けなければ，その期間の経過によって，その効力を失う。

5 適正計量管理事業所の指定を受けるための申請書に記載することが必要な事項の一つとして，計量管理の方法に関する事項（経済産業省令で定めるものに限る。），がある。

- -

[題 意] 適正計量管理事業について，制度の全般についての理解度を問う問題。

[解 説] **1** は，法第128条（指定の基準）で「経済産業大臣は，前条（適正計量管理事業所の指定）第一項の指定の申請が次の各号に適合すると認めるときは，その指定をしなければならない。」と，同条第1号で「特定計量器の種類に応じて経済産業省令で定める計量士が，当該事業所で使用する特定計量器について，経済産業省令で定めるところにより，検査を定期的に行うものであること。」と定められており，**1** の「（前略）…，その数が経済産業省令で定める数以上であること。」との記述は定められていないので，誤っている。

2 は，法第130条（標識）第1項で「第百二十七条第一項の指定を受けた者は，当該適正計量管理事業所において，経済産業省令で定める様式の標識を掲げることができる。」と定められており，**2** の「適正計量管理事業所の指定を受けた者は，…（中略）…，経済産業省令で定める標識を掲げなければならない。」との記述は誤っている。

3 は，計量法施行令第41条（都道府県が処理する事務）第2項で「法第百二十七条（適正計量管理事業所の指定）第一項，…（中略）…，国の事業所以外の事業所に関するものは，都道府県知事が行うこととする。」と定めており，**3** の「都道府県知事又は市町村の長は，…（以下略）」の記述は誤っている。

4 は，適正計量管理事業所の法規定には，指定の更新規定が定められていないので，**4** の記述は誤りである。

なお，法第133条（準用）で，「（前略）…第百二十七条（適正計量管理事業所の指定）第一項の指定に，…（中略）…及び第六十六条（指定の失効）…（中略）…の指定を受けた者に準用する。…（以下略）」と，同条で準用する法第六十六条（指定の失効）の規定を読み替えると「適正計量管理事業所がその指定に係る事業を廃止したときは，その指定は失効を失う。」と規定されている。

5 は，法第127条（指定）第2項で「前項の指定を受けようとする者は，次の事項を記載した申請書を…（中略）…提出しなければならない。」と，同項第5号で「計量管理の方法に関する事項（経済産業省令で定めるものに限る。）」と，申請書に記載する

ことが必要な事項を定めており，**5** の記述は規定どおりで，正しい。

〔正 解〕 **5**

---- 問 23 ----

計量法第 143 条の計量器の校正等の事業を行う者の登録の適合要件に関する次の記述の（ ア ）～（ ウ ）に入る語句の組合せとして，正しいものを一つ選べ。

特定標準器による校正等をされた（ ア ）若しくは（ イ ）又はこれらの（ ア ）若しくは（ イ ）に（ ウ ）して段階的に計量器の校正等をされた（ ア ）若しくは（ イ ）を用いて計量器の校正等を行うものであること。

	（ア）	（イ）	（ウ）
1	計量器	標準物質	連鎖
2	計量器	標準物質	合格
3	計量器	特定計量器	連鎖
4	基準器	特定計量器	合格
5	基準器	標準物質	連鎖

〔題 意〕 特定標準器以外の計量器による校正等に関する，法第 143 条（特定標準器以外の計量器による校正等の事業を行う者の登録）の条文の語句についての問題。

〔解 説〕 法第 143 条第 2 項第 1 号の規定により，（ア）は「計量器」と，（イ）は「標準物質」と，（ウ）は「連鎖」の語句が該当するので，**1** の語句の組合せが正しい。

〔正 解〕 **1**

---- 問 24 ----

特定標準器以外の計量器による校正等に関する次の記述の中から，誤っているものを一つ選べ。

1 計量法第 143 条第 1 項の計量器の校正等の事業を行う者の登録は経済産

業大臣が行う。

2 計量法第143条第1項の計量器の校正等の事業を行う者の登録を受けた者が自ら販売し，又は貸し渡す計量器又は標準物質について計量器の校正等を行う者である場合にあっては，その登録を受けた者は，経済産業省令で定める事項を記載し，経済産業省令で定める標章を付した証明書を付して計量器又は標準物質を販売し，又は貸し渡すことができる。

3 計量法第143条第1項の計量器の校正等の事業を行う者の登録を受けた者は，計量器の校正等を求められたときは，正当な理由がある場合を除き，計量器の校正等を行わなければならない。

4 計量法第143条第1項の計量器の校正等の事業を行う者の登録は，3年を下らない政令で定める期間ごとにその更新を受けなければ，その期間の経過によって，その効力を失う。

5 経済産業大臣は，計量法第143条第1項の計量器の校正等の事業を行う者の登録を受けた者が同条第2項各号の登録の要件のいずれかに適合しなくなったとき，その登録を取り消すことができる。

（題　意） 特定標準器以外の計量器の校正等に関する，法第143条（登録）から法第145条（登録の取消し）までの規定の理解度を問う問題。

（解　説） **1**は，法第143条第1項で「計量器の校正等の事業を行う者は，…（中略）…，経済産業大臣に申請して，登録を受けることができる。…（以下略）」の規定どおりで，正しい。

2は，法第144条（証明書の交付）第2項で「登録事業者が自ら販売し，又は貸し渡す計量器又は標準物質について計量器の校正等を行う者である場合にあっては，その登録事業者は，前項の証明書を付して計量器又は標準物質を販売し，又は貸し渡すことができる。」と，同条第1項で「登録事業者は，…（中略）…，経済産業省令で定める事項を記載し，経済産業省令で定める標章を付した証明書を交付することができる。」の規定どおりで，正しい。

4は，法第144条の2（登録の更新）第1項で「第百四十三条第一項の登録は，三年を下らない政令で定める期間ごとにその更新を受けなければ，その期間の経過によっ

て，その効力を失う。」の規定どおりで，正しい。

5 は，法第 145 条（登録の取消し）本条で「<u>経済産業大臣は，登録事業者が次の各号</u><u>の一に該当するときは，その登録を取り消すことができる。</u>」と，同条第 1 号で「<u>第百</u><u>四十三条第二項各号のいずれかに適合しなくなったとき</u>」の規定どおりで，正しい。

3 は，法第百四十三条（登録）第一項の計量器の校正等の事業を行う者の登録事業者の法規定には，**3** の「（前略）…，<u>計量器の校正等を求められたときは，正当な理由が</u><u>ある場合を除き，計量器の校正等を行なわなければならない。</u>」との記述のような該当する条文規定はないので，誤っている。

なお，法第 137 条（特定標準器による校正等の義務）で「経済産業大臣，日本電気計器検定所又は指定校正機関は，特定標準器による校正等を行うことを求められたときは，正当な理由がある場合を除き，特定標準器による校正等を行なわなければならない。」と定められている。

特定標準器による校正等を行なえる者は，経済産業大臣，日本電気計器検定所，指定校正機関とその数が少ないため，前記のような規定が定められたが，登録校正事業者の場合は，事業者数が多くあるので，**3** の記述に該当する条文はない。

〔正解〕 **3**

-------- 問 **25** --------

計量法の雑則及び罰則に関する次の記述の中から，正しいものを一つ選べ。

1　経済産業大臣は，計量法の施行に必要な限度において，指定定期検査機関又は指定計量証明検査機関に対し，その業務又は経理の状況に関し報告させることができる。

2　経済産業大臣が計量証明事業者に事業の停止を命じた場合において，当該事業者が当該命令に違反した場合，懲役若しくは罰金に処せられるが，これを併科されることはない。

3　計量士でない者が計量士の名称を用いても，経済産業大臣又は都道府県知事若しくは特定市町村の長から勧告を受けるだけで，罰金には処せられない。

4　立入検査をする職員は，その身分を示す証明書を携帯する必要はあるが，

関係者に提示する必要はない。

5 取引又は証明における法定計量単位による計量に計量器でないものを使用した場合，懲役若しくは罰金に処せられ，又はこれを併科される。

(題意) 報告の徴収，立入検査および罰則（両罰規定含む）に関する法第147条（報告の徴収），法第148条（立入検査），罰則規定の法第170条，法第172条および法第173条の規定の理解度を問う問題。

(解説) **1**は，法第147条第2項の規定で「経済産業大臣は，この法律の施行に必要な限度において，指定検定機関，特定計量証明認定機関又は指定校正機関に対し，その業務又は経理の状況に関し報告させることができる。」と定めており，**1**の「(前略)…，指定定期検査機関又は指定計量証明検査機関に対し，…（以下略)」の記述は誤りである。

なお，**1**の記述中の「指定定期検査機関又は指定計量証明検査機関に対し，その業務又は経理の状況に関し報告させることができる者」は，法第147条第3項で「都道府県知事又は特定市町村の長は，この法律の施行に必要な限度において，指定定期検査機関又は指定計量証明検査機関に対し，その業務又は経理の状況に関し報告させることができる。」と定めている。

2は，法第170条の罰則規定の本条で「次の各号のいずれかに該当する者は，一年以下の懲役若しくは百万円以下の罰金に処し，又はこれを併科する。」と，同条第2号で「第百十三条の規定による命令に違反した者」と，法第113条（登録の取消し等）の本条で「都道府県知事は，計量証明事業者が次のいずれかに該当するときは，その登録を取り消し，又は一年以内の期間を定めて，その事業の停止を命ずることができる。」と，同条第3号で「第百十条第二項（都道府県知事による事業規程の変更命令）又は第百十一条（都道府県知事による登録基準に適合する命令）の規定による命令に違反したとき。」と定めており，**2**の「経済産業大臣が…（中略)…，懲役若しくは罰金に処せられるが，これを併科されることはない。」の記述は誤っている。

3は，法第124条（名称の使用制限）で「計量士でない者は，計量士の名称を用いてはならない。」と，法第173条の罰則規定の本条の規定で「次の各号のいずれかに該当する者は，五十万円以下の罰金に処する。」と，同条第1号で「(前略)…，第八十五条又は第百二十四条の規定に違反した者」と，また法第122条（登録）第1項で「経済産

業大臣は，…（中略）…計量士として登録する。」と定めており，**3**の「（前略）…，経済産業大臣又は都道府県知事若しくは特定市町村の長から勧告を受けるだけで，罰金には処せられない。」の記述は誤っている。

4は，法第148条第4項で「前三項の規定により立入検査をする職員は，その身分を示す証明書を携帯し，関係者に提示しなければならない。」と定めており，**4**の「（前略）…，関係者に提示する必要がない。」の記述は誤っている。

5は，法第16条（使用の制限）第1項の本条で「次の各号の一に該当するもの…（中略）…は，取引又は証明における法定計量単位による計量…（中略）…に使用し，又は使用に供するために所持してはならない。」と，同項第1号で「計量器でないもの」と，罰則規定の法第172条本条で「次の各号のいずれかに該当する者は，六月以下の懲役若しくは五十万円以下の罰金に処し，又はこれを併科する。」と，同条第1号で「第十六条第一項から第三項まで，…（中略）…の規定に違反した者」と定めており，**5**の記述は規定どおりで，正しい。

〔正解〕　**5**

1.2　第 69 回 (平成 30 年 12 月実施)

---- 問 1 ----

計量法第 1 条の目的及び同法第 2 条の定義等に関する次の記述の中から，誤っているものを一つ選べ。

  1　「特定計量器」とは，取引又は証明における計量に使用される全ての計量器のことをいう。

  2　「計量単位」とは，計量の基準となるものをいう。

  3　計量法は，計量の基準を定め，適正な計量の実施を確保し，もって経済の発展及び文化の向上に寄与することを目的とする。

  4　計量器の製造には，経済産業省令で定める改造を含むものとし，計量器の修理には，当該経済産業省令で定める改造以外の改造を含むものとする。

  5　「証明」とは，公に又は業務上他人に一定の事実が真実である旨を表明することをいう。

[題 意]　計量法 (以下「法」という) 第 1 条 (目的) および法第 2 条 (定義等) 各項の規定についての記述の正誤の問題。

[解 説]　2 の記述は，法第 2 条 (定義等) 第 1 項の「計量単位」の規定どおりで，正しい。

3 の記述は，法第 1 条の規定どおりで，正しい。

4 の記述は，法第 2 条第 5 項の規定どおりで，正しい。

5 の記述は，法第 2 条第 2 項後段の「証明」の定義の規定どおりで，正しい。

1 は，法第 2 条 (定義等) 第 4 項で，「特定計量器とは，取引若しくは照明における計量に使用され，又は主として一般消費者の生活に供される計量器のうち，<u>適正な計量の実施を確保するためにその構造又は器差に係る基準を定める必要があるものとして政令で定めるもの</u>をいう。」と規定されており，1 の「「特定計量器」とは，取引又は証明における計量に使用される<u>全ての計量器</u>のことをいう。」との記述は定められていないので，誤っている。

[正 解]　1

---- 問 **2** ----

　計量法第2条に規定する取引の定義に関する次の記述の（　ア　）～（　ウ　）に入る語句の組合せとして，正しいものを一つ選べ。

　「取引」とは，（　ア　）であると（　イ　）であるとを問わず，物又は役務の給付を目的とする（　ウ　）上の行為をいう。

	（ア）	（イ）	（ウ）
1	直接	間接	業務
2	有償	無償	業務
3	直接	間接	法律
4	有償	無償	法律
5	有償	無償	慣習

　題 意　法第2条（定義等）第2項前段の「取引」の定義の規定の語句についての問題。

　解 説　法第2条（定義等）第2項の前段の「取引」の定義で，「この法律において「取引」とは，<u>有償</u>であると<u>無償</u>であるとを問わず，物又は役務の給付を目的とする<u>業務</u>上の行為をいう。」と定めており，（ア）は「<u>有償</u>」が，（イ）は「<u>無償</u>」が，（ウ）は「<u>業務</u>」が該当するので，**2**の語句の組合せが正しい。

　正 解　**2**

---- 問 **3** ----

　国際単位系に係る計量単位として計量法第3条に規定され，同法別表第1に掲げられている物象の状態の量と計量単位との組合せとして，誤っているものを一つ選べ。

	（物象の状態の量）	（計量単位）
1	体積	立方メートル　リットル
2	回転速度	毎秒　毎分　毎時
3	動粘度	平方メートル毎秒

| 4 | 起電力 | ワット |
| 5 | 光束 | ルーメン |

〔題 意〕 法第 3 条（国際単位系に係る計量単位）別表第 1 の「物象の状態の量」と「計量単位」との組合せの問題。

〔解 説〕 **1** の物象の状態の量「体積」の計量単位は，法第 3 条別表第 1 の下欄により「立方メートル，リットル」と定められており，**1** の組合せは正しい。

2 の物象の状態の量「回転速度」の計量単位は，法第 3 条別表第 1 の下欄により「毎秒，毎分，毎時」と定められており，**2** の組合せは正しい。

3 の物象の状態の量「動粘度」の計量単位は，法第 3 条別表第 1 の下欄により「平方メートル毎秒」と定められており，**3** の組合せは正しい。

5 の物象の状態の量「光束」の計量単位は，法第 3 条別表第 1 の下欄により「ルーメン」と定められており，**5** の組合せは正しい。

4 の物象の状態の量「起電力」の計量単位は，法第 3 条別表第 1 の下欄により「ボルト」と定められており，**4** の計量単位「ワット」は誤っているので，**4** の組合せは誤っている。

〔正 解〕 **4**

〔問〕4

計量法第 7 条に規定する計量単位に関する次の記述の（　ア　）及び（　イ　）に入る語句の組合せとして，正しいものを一つ選べ。

第 7 条　第 3 条から前条までに規定する計量単位の（　ア　）であって，計量単位の（　ア　）による表記において（　イ　）となるべきものは，経済産業省令で定める。

　　　（ア）　　（イ）
1　略字　　基準
2　記号　　標準
3　略字　　規格
4　記号　　基準

5 略字   標準

[題 意] 法第7条（記号）の計量単位に関する規定の語句についての問題。

[解 説] 法第7条で，「第三条から前条までに規定する計量単位の<u>記号</u>であって，計量単位の記号による表記において<u>標準</u>となるべきものは，経済産業省令で定める。」と定めており，（ア）は「<u>記号</u>」が，（イ）は「<u>標準</u>」が該当するので，**2**の語句の組合わせが正しい。

[正 解] **2**

---- **問 5** ----

次に示す商品のうち，計量法第13条第1項の政令で定める特定商品（密封をしたときに特定物象量を表記べき特定商品）に該当しないものを一つ選べ。

1 精米
2 小麦粉
3 生鮮の野菜
4 しょうゆ
5 液化石油ガス

[題 意] 法第13条（密封をした特定商品に係る特定物象量の表記）第1項の政令で定める特定商品に関する問題。

[解 説] 法第13条第1項で委任する特定商品の販売に係る計量に関する政令第5条（密封をしたときに特定物象量を表記すべき特定商品）各号で特定商品が定められている。

1の「精米」は，政令第5条第1号で別表第1第1号「<u>精米及び精麦</u>」と定められており，法第13条第1項の政令で定める特定商品に該当する。

2の「小麦粉」は，政令第5条第1号で別表第1第3号「米粉，<u>小麦粉</u>その他の粉類」と定められており，法第13条第1項の政令で定める特定商品に該当する。

4の「しょうゆ」は，政令第5条第1号で別表第1第20号「<u>しょうゆ及び食酢</u>」と定められており，法第13条第1項の政令で定める特定商品に該当する。

　5 の「液化石油ガス」は，政令第 5 条第 1 号で別表第 1 第 24 号「液化石油ガス」で定められており，法第 13 条第 1 項の政令で定める特定商品に該当する。

　3 の「生鮮の野菜」は，法第 12 条第 1 項で委任する政令第 1 条の別表第 1 第 5 号「野菜（未成熟の豆類を含む。）及びその加工品（漬物以外の塩蔵野菜を除く。）」(1)「生鮮もの及び冷蔵したもの」と定められているが，法第 13 条第 1 項で委任する政令第 5 条各号には定められていないので，該当しない。

　したがって，法第 13 条第 1 項の政令で定める特定商品に該当しないものは，「3　生鮮の野菜」である。

　なお，法第 13 条第 1 項の政令で定める特定商品は，政令第 5 条第 1 号で別表第 1 第 5 号 (2)「缶詰及び瓶詰，トマト加工品並びに野菜ジュース」，同条第 3 号で別表第 1 第 5 号 (3)「漬物缶詰及び瓶詰，トマト加工品並びに野菜ジュース」，同条第四号で別表第 1 第 5 号 (4)「（二）又は（三）に掲げるもの以外の加工品」と定められている。

〔正 解〕 3

----- 〔問〕6 -----

　計量法第 15 条に規定する特定商品に関する次の記述の（　ア　）～（　ウ　）に入る語句の組合せとして，正しいものを一つ選べ。

　第 15 条　都道府県知事又は特定市町村の長は，第 12 条第 1 項若しくは第 2 項に規定する者がこれらの規定を遵守せず，第 13 条第 1 項若しくは第 2 項に規定する者が同条各項の規定を遵守せず，又は前条第 1 項若しくは第 2 項に規定する者が同条各項の規定を遵守していないため，当該特定商品を（　ア　）する者の利益が害されるおそれがあると認めるときは，これらの者に対し，必要な措置をとるべきことを（　イ　）することができる。

　2　都道府県知事又は特定市町村の長は，前項の規定による（　イ　）をした場合において，その（　イ　）を受けた者がこれに従わなかったときは，その旨を公表することができる。

　3　都道府県知事又は特定市町村の長は，第 12 条第 1 項若しくは第 2 項又は第 13 条第 1 項若しくは第 2 項の規定を遵守していないため第 1 項の規定による（　イ　）を受けた者が，正当な理由がなくてその（　イ　）に係る

措置をとらなかったときは，その者に対し，その（　イ　）に係る措置を
とるべきことを（　ウ　）ことができる。

	（ア）	（イ）	（ウ）
1	販売	勧告	警告する
2	計量	指示	命ずる
3	計量	勧告	指示する
4	購入	命令	警告する
5	購入	勧告	命ずる

〔**題 意**〕　法第15条の勧告等の規定の語句についての問題。

〔**解 説**〕　法第15条（勧告等）第1項で「都道府県知事又は特定市町村の長は，第
十二条第一項若しくは第二項に規定する者がこれらの規定を遵守せず，第十三条第一
項若しくは第二項に規定する者が同条各項の規定を遵守せず，又前条第一項若しくは
第二項に規定する者が同条各項の規定を遵守していないため，当該特定商品を購入す
る者の利益が害されるおそれがあると認めるときは，これらの者に対し，必要な措置
をとるべきことを勧告することができる。」，同条第2項で「都道府県知事又は特定市
町村の長は，前項の規定による勧告をした場合において，その勧告を受けた者がこれ
に従わなかったときは，その旨を公表することができる。」および同条第3項で「都道
府県知事又は特定市町村の長は，第十二条第一項若しくは第二項又は第十三条第一項
若しくは第二項の規定を遵守していないため第一項の規定による勧告を受けた者が，
正当な理由がなくてその勧告に係る措置をとらなかったときは，その者に対し，その
勧告に係る措置をとるべきことを命ずることができる。」と定めており，（ア）は「購
入」，（イ）は「勧告」，（ウ）は「命ずる」の語句が該当するので，**5** の語句の組合せが，
正しい。

〔**正 解**〕　**5**

------ 問 **7** ---

計量器等の使用に係る計量法の規定に関する次の記述の中から，正しいもの
を一つ選べ。

1　経済産業大臣，都道府県知事又は指定検定機関が行う検定を受け，これに合格したものとして計量法第 72 条第 1 項の検定証印が付されている特定計量器でなければ，取引又は証明における法定計量単位による計量に使用してはならない。

2　車両その他の機械器具に装置して使用される特定計量器であって政令で定めるもの（車両等装置用計量器）は，都道府県知事，特定市町村の長又は指定定期検査機関が行う装置検査を受け，これに合格したものとして計量法第 75 条第 2 項の装置検査証印（有効期間を経過していないものに限る。）が付されているものでなければ，取引又は証明における法定計量単位による計量に使用してはならない。

3　計量法第 72 条第 2 項の政令で定める特定計量器（検定証印の有効期間のある特定計量器）について，同条第 1 項の検定証印が付されているものであって，検定証印の有効期間を経過したものは，定期検査に合格したものとして同法第 24 条に定める定期検査済証印が付された場合に限り，取引又は証明における法定計量単位による計量に使用することができる。

4　特定の方法に従って使用し，又は特定の物若しくは一定の範囲内の計量に使用しなければ正確に計量をすることができない特定計量器であって政令で定めるものは，政令で定めるところにより使用する場合でなければ，取引又は証明における法定計量単位による計量に使用してはならない。

5　計量法第 72 条第 2 項の政令で定める特定計量器（検定証印の有効期間のある特定計量器）で同条第 1 項の検定証印が付されているものを修理した場合は，経済産業省令で定める修理済表示を届出修理事業者により付された場合に限り，取引又は証明における法定計量単位による計量に使用することができる。

[題 意]　計量器等の使用に係る規定の理解度を問う問題。

[解 説]　**1** は，取引または証明における法定計量単位による計量に使用し，または使用に供するために所持してならないものは，法第 16 条（使用の制限）第 1 項第 1

～3号で「第一号　計量器でないもの」「第二号　次に掲げる特定計量器以外の特定計量器，イ　経済産業大臣，都道府県知事，日本電気計器検定所又は経済産業大臣が指定した者（以下「指定検定機関」という。）が行う検定を受け，これに合格したものとして第七十二条第一項の検定証印が付されている特定計量器，ロ　経済産業大臣が指定した者が製造した特定計量器であって，第九十六条第一項（第百一条第三項において準用する場合を含む。次号において同じ。）の表示が付されているもの」と定められており，**1**で「（前略）…計量法第72条第1項の検定証印が付されている特定計量器でなければ，取引又は証明における法定計量単位による計量に使用してはならない。」と記述されているが，法第16条第1項第2号イの規定だけでなく，同号ロの規定もあるので，誤っている。

2は，法第16条（使用の制限）第3項で「車両その他の機械器具に装着して使用される特定計量器であって政令で定めるもの（以下「車両等装置用計量器」という。）は，経済産業大臣，都道府県知事又は指定検定機関が行う機械器具に装着した状態における検査（以下「装置検査」という。）を受け，これに合格したものとして第七十五条第二項の装置検査証印（有効期間を経過していないものに限る。）が付されているものでなければ，取引又は証明における法定計量単位による計量に使用し，又は使用に供するために所持してはならない。」と定めており，**2**の「（前略）…，都道府県知事，特定市町村の長又は指定定期検査機関が行う装置検査を受け，これに合格したもの…（以下略）」の記述は誤っている。

3は，法第16条第1項第3号で「第七十二条（有効期間のある特定計量器）第二項の政令で定める特定計量器で同条第一項の検定証印又は第九十六条第一項の表示（以下「検定証印等」という。）が付されているものであって，検定証印等の有効期間を経過したもの」と定めており，**3**の「（前略）…，検定証印の有効期間を経過したものは，定期検査に合格したものとして同法第24条に定める定期検査済証印が付された場合に限り，…（以下略）」との記述は規定されていないので，誤っている。

なお，検定証印等の有効期間のある特定計量器は施行令第18条別表第3の上欄に定めている。また，定期検査対象の特定計量器は，施行令第10条（定期検査の対象となる特定計量器）第1項第1号で「非自動はかり（第五条第一号又は第二号に掲げるものを除く。以下同じ。）」と，同項第2号で「皮革面積計」と規定されている。

5は，法第16条第1項第3号で「第七十二条（有効期間のある特定計量器）第二項

の政令で定める特定計量器で同条第一項の検定証印又は第九十六条第一項の表示（以下「検定証印等」という。）が付されているものであって，検定証印等の有効期間を経過したもの」と定めており，**5** の「（前略）…同条第 1 項の検定証印が付されているものを修理した場合は，経済産業省令で定める修理済表示を届出修理事業者により付された場合に限り，…（以下略）」との記述は規定されていないので，誤っている。

なお，**5** の「（前略）…修理した場合は，経済産業省令で定める修理済表示を届出修理事業者により付された場合に限り，…（以下略）」の記述は，法第 50 条（有効期間のある特定計量器に係る修理）第 1 項で「届出製造事業者又は届出修理事業者は，第七十二条第二項の政令で定める特定計量器であって一定期間の経過後修理が必要となるものとして政令で定めるものについて，経済産業省令で定める基準に従って修理したときは，経済産業省令で定めるところにより，これに表示を付することができる。」と，修理済の表示は施行規則第 15 条第 2 号で「イ　点検のみをした場合，　ロ　補修又は取替えをした場合」と，また，一定期間の経過後修理が必要となる特定計量器は施行令第 12 条で定められている。

4 は，法第 18 条（使用方法等の制限）で，「特定の方法に従って使用し，又は特定の物若しくは一定の範囲内の計量に使用しなければ正確に計量することができない特定計量器であって政令で定めるものは，政令で定めるところにより使用する場合でなければ，取引又は証明における法定計量単位による計量に使用してはならない。」と定めており，**4** の記述は規定どおりで，正しい。

〔正解〕 **4**

------ 問 8 ------

定期検査に関する次のア〜エの記述のうち，誤っているものの組合せを一つ選べ。

ア　都道府県知事又は特定市町村の長は，定期検査を行う区域，その対象となる特定計量器，その実施の期日及び場所並びに計量法第 20 条第 1 項の規定により指定定期検査機関にこれを行わせる場合にあっては，その指定定期検査機関の名称をその期日の 1 月前までに公示するものとする。

イ　疾病，旅行その他やむを得ない事由により，都道府県知事又は特定市町

村の長が公示した実施期日に定期検査を受けることができない者が，あらかじめ，都道府県知事又は特定市町村の長にその旨を届け出たときは，その届出に係る特定計量器は，定期検査を受けることを免除される。

ウ　定期検査に代わる計量士による検査をした計量士は，その特定計量器が定期検査の合格条件に適合するときは，経済産業省令で定めるところにより，その旨を記載した証明書をその特定計量器を使用する者に交付し，その特定計量器に経済産業省令で定める方法により表示及び検査をした年月を付することができる。

エ　定期検査は，該当する全ての特定計量器ごとに2年に1回（度），区域ごとに行う。

1　ア，イ

2　ア，エ

3　イ，ウ

4　イ，エ

5　ウ，エ

【**題意**】　定期検査について，法第19条から第25条まで，制度の全般についての理解度を問う問題。

【**解説**】　アは，法第21条（定期検査の実施時期等）第2項の規定どおりで，正しい。

イは，法第21条（定期検査の実施時期等）第3項の規定で，「疾病，旅行その他やむを得ない事由により，実施期日に定期検査を受けることができない者が，あらかじめ，都道府県知事又は特定市町村の町にその旨を届け出たときは，その届出に係る特定計量器の定期検査は，その届け出があった日から一月を超えない範囲内で都道府県知事又は特定市町村の長が指定する期日に，都道府県知事又は特定市町村の長が指定する場所で行う。」と定められており，記述イの「（前略）…，その届出に係る特定計量器の定期検査は，定期検査を受けることを免除される。」の記述は定められていないので，誤っている。

ウは，法第25条（定期検査に代わる計量士による検査）第3項の規定どおりで，正

しい。

エは，法第 21 条（定期検査の実施時期等）第 1 項で「定期検査は，一年以上において特定計量器ごとに政令で定める期間に一回，区域ごとに行う。」と，また，第 1 項で委任する施行令第 11 条（定期検査の実施時期）で，「法第二十一条第一項の政令で定める期間は，非自動はかり，分銅及びおもりにあっては二年とし，皮革面積計にあっては一年とする。」と定められており，記述エの「定期検査は，該当する全ての特定計量器ごとに 2 年に 1 回（度），区域ごとに行う。」の記述は誤っている。

よって，誤っている記述は，「イ」および「エ」であり，誤っている組合せは **4** である。

［正 解］ 4

------- **問 9** -------

指定定期検査機関が実施する定期検査の方法に関する次の記述の（ ア ）〜（ ウ ）に入る語句の組合せとして，正しいものを一つ選べ。

指定定期検査機関は，定期検査を行うときは，（ ア ）で定める（ イ ）を用い，かつ，（ ア ）で定める条件に適合する（ ウ ）に定期検査を実施させなければならない。

	（ア）	（イ）	（ウ）
1	政令	器具，機械又は装置	品質管理推進責任者
2	政令	特定標準器	品質管理推進責任者
3	経済産業省令	特定標準器	知識経験を有する者
4	政令	特定標準器	知識経験を有する者
5	経済産業省令	器具，機械又は装置	知識経験を有する者

［題 意］ 指定定期検査機関が実施する定期検査の方法に関する問題。

［解 説］ 法第 29 条（定期検査の方法）で「指定定期検査機関は，定期検査を行うときは，第二十八条第一号に規定する器具，機械又は装置を用い，かつ，同条第二号に規定する者に定期検査を実施させなければならない。」，法第 28 条（指定の基準）第 1 号で「経済産業省令で定める器具，機械又は装置を用いて定期検査を行うものであ

ること。」，同条第2号で「経済産業省令で定める条件に適合する知識経験を有する者
が定期検査を実施し，その数が経済産業省令で定める数以上であること。」と定められ
ており，(ア) は「経済産業省令」，(イ) は「器具，機械又は装置」，(ウ) は「知識経験
を有する者」の語句が該当するので，正しい語句の組合せは **5** である。

〔正 解〕 5

---- 〔問〕 10 --

　特定計量器の製造，修理及び販売に関する次の記述の中から，正しいものを
一つ選べ。

　1　届出製造事業者は，特定計量器を製造したときは，経済産業省令で定め
　　る基準に従って，当該特定計量器の検定を行わなければならない。

　2　販売 (輸出のための販売を除く。) の事業の届出が必要となる特定計量器
　　は，非自動はかり，自動はかり，分銅及びおもりである。

　3　届出製造事業者は，その届出に係る事業を廃止しようとするときは，あ
　　らかじめ，その旨を経済産業大臣に届け出なければならない。

　4　届出製造事業者又は届出修理事業者は，特定計量器の修理をしたときは，
　　経済産業省令で定める基準に従って，当該特定計量器の検査を行わなけれ
　　ばならない。

　5　経済産業大臣は，政令で定める特定計量器の販売の事業を行う者 (以下
　　「販売事業者」という。) が経済産業省令で定める事項を遵守しないため，当
　　該特定計量器に係る適正な計量の実施の確保に支障を生じていると認める
　　ときは，当該販売事業者に対し，これを遵守すべきことを勧告することが
　　できる。

　〔題 意〕　特定計量器の製造，修理および販売に関する制度の全般について，理解
度を問う問題。

　〔解 説〕　**1** は，法第43条 (検査義務) の規定で，「届出製造事業者は，特定計量器
を製造したときは，経済産業省令で定める基準に従って，当該特定計量器の検査を行
わなければならない。…(以下略)」と定めており，**1** の「(前略)…当該特定計量器の

検定を行わなければならない。」の記述は誤っている。

　2 は，法第 51 条（事業の届出）第 1 項で委任する施行令第 13 条（販売の事業の届出に係る特定計量器）で「法第五十一条第一項の政令で定める特定計量器は，非自動はかり（次条各号に掲げるものを除く。），分銅及びおもりとする。」と定めており，**2** の「（前略）…，自動はかり，…（以下略）」の記述は定められていないので，誤っている。

　3 は，法第 45 条（廃止の届出）第 1 項の規定で，「届出製造事業者は，その届出に係る事業を廃止したときは，遅滞なく，その旨を経済産業大臣に届け出なければならない」と定められており，**3** の「（前略）…，あらかじめ，…（以下略）」の記述は，誤っている。

　5 は，法第 52 条（遵守事項）第 2 項の規定で，「都道府県知事は，販売事業者が前項の経済産業省令で定める事項を遵守しないため，当該特定計量器に係る適正な計量の実施の確保に支障が生じていると認めるときは，当該販売事業者に対し，これを遵守すべきことを勧告することができる。」と定めており，**5** の「経済産業大臣は，…（以下略）」の記述は誤っている。

　4 の記述は，法第 47 条（検査義務）の規定どおりで，正しい。

　〔正　解〕　**4**

---- 問 **11** ----

　特定計量器の製造の事業を行おうとする者（自己が取引又は証明における計量以外にのみ使用する特定計量器の製造の事業を行う者を除く。）が，あらかじめ，経済産業大臣に届け出なければならないものとして計量法第 40 条第 1 項に規定されている事項に該当しないものを，次の中から一つ選べ。

　1　氏名又は名称及び住所並びに法人にあっては，その代表者の氏名

　2　事業の区分

　3　当該特定計量器を製造しようとする工場又は事業場の名称及び所在地

　4　当該特定計量器の検査のための器具，機械又は装置であって，経済産業省令で定めるものの名称，性能及び数

　5　品質管理の方法に関する事項

〔題　意〕　特定計量器の製造事業者を行うとき，届出が必要とされている事項に関する問題。

〔解　説〕　法第40条（事業の届出）第1項各号の規定で，**1**から**4**までの記述内容は定められているが，**5**の「品質管理の方法に関する事項」は定められていないので，法第40条第1項に規定されている届出が必要とされている事項に該当しない。

〔正　解〕　**5**

---------- **問** 12 ----------

定期検査及び検定に関する次の記述の中から，誤っているものを一つ選べ。

1　計量法第19条第1項（定期検査）の政令で定める特定計量器の一つとして，自動はかり，がある。

2　特定計量器について計量法第16条第1項第2号イの検定を受けようとする者は，政令で定める区分に従い，経済産業大臣，都道府県知事，日本電気計器検定所又は指定検定機関に申請書を提出しなければならない。

3　検定を行った特定計量器の合格条件の一つとして，その構造（性能及び材料の性質を含む。）が経済産業省令で定める技術上の基準に適合すること，がある。

4　検定に合格しなかった特定計量器に検定証印又は基準適合証印（以下「検定証印等」という。）が付されているときは，その検定証印等を除去する。

5　ガラス製体温計，抵抗体温計及びアネロイド型血圧計の製造，修理又は輸入の事業を行う者は，検定証印等が付されているものでなければ，当該特定計量器を譲渡し，貸し渡し，又は修理を委託した者に引き渡してはならない。ただし，輸出のため当該特定計量器を譲渡し，貸し渡し，又は引き渡す場合において，あらかじめ，都道府県知事に届け出たときは，この限りでない。

〔題　意〕　定期検査および検定の条文規定に関する問題。

〔解　説〕　**2**の記述は，法第70条（検定の申請）の規定どおりで，正しい。

3 の記述は，法第 71 条 (合格条件) 第 1 項第 1 号の規定どおりで，正しい。

4 の記述は，法第 72 条 (検定証印) 第 4 項の規定どおりで，正しい。

5 の記述は，法第 57 条 (譲渡等の制限) 第 1 項で「体温計その他の政令で定める特定計量器の製造，修理又は輸入の事業を行う者は検定証印等 (第七十二条第二項の政令で定める特定計量器にあっては，有効期間を経過していないものに限る。次項において同じ。) が付されているものでなければ，当該特定計量器を譲渡し，貸し渡し，又は修理を委託した者に引き渡してはならない。ただし，輸出のため当該特定計量器を譲渡し，貸し渡し，又は引き渡す場合において，あらかじめ，都道府県知事に届け出たときはこの限りでない。」および同条第 1 項で委任する施行令第 15 条 (譲渡等の制限に係る特定計量器) 第 1 号で「ガラス製体温計」，第 2 号で「抵抗体温計」，第 3 号で「アネロイド型血圧計」と定められており，規定どおりで，正しい。

1 は，法第 19 条 (定期検査) 第 1 項で委任する施行令第 10 条 (定期検査の対象となる特定計量器) 第 1 項第 1 号で「非自動はかり (第五条第一号又は第二号に掲げるものを除く。以下同じ。)，分銅及びおもり」と定めており，**1** の「(前略) …，<u>自動はかり</u>，…(以下略)」の記述は定められていないので，誤っている。

〔正 解〕　**1**

------ 問 **13** ------

特定計量器の型式の承認に関する次の記述の中から，正しいものを一つ選べ。

1　承認製造事業者とは，国内にある届出製造事業者であって，その製造する特定計量器の型式について承認を受けた者のことを指す。

2　届出製造事業者は，その製造する特定計量器の型式について，政令で定める区分に従い，経済産業大臣，日本電気計器検定所又は当該特定計量器の検定を行う指定検定機関の承認を受けることができる。

3　承認製造事業者は，その承認に係る型式に属する特定計量器を製造する工場又は事業場の名称及び所在地に変更があるときは，あらかじめ，その旨を経済産業大臣，日本電気計器検定所又は当該特定計量器の検定を行う指定検定機関に届け出なければならない。

4　経済産業大臣は，承認外国製造事業者がその承認に係る型式に属する特

定計量器を製造する際，当該特定計量器が製造技術基準に適合していない
と認めるときは，その者に対し，その製造する特定計量器が製造技術基準
に適合するために必要な措置をとるべきことを命ずることができる。

5 型式の承認は，承認製造事業者若しくは承認外国製造事業者がその届出
に係る特定計量器の製造の事業を廃止したとき，又は承認輸入事業者が特
定計量器の輸入の事業を廃止したとき以外には，その効力を失うことは
ない。

〔題 意〕 型式の承認に関する法第76条（製造事業者に係る型式の承認）から法第
89条（外国製造事業者に係る型式の承認等）まで，制度の全般についての規定の理解
度を問う問題。

〔解 説〕 **2** は，法第76条（製造事業者に係る型式の承認）第1項の規定で「（前略）
…，経済産業大臣又は日本電気計器検定所の承認を受けることができる。」と定めてお
り，**2** の「（前略）…又は当該特定計量器の検定を行う指定検定機関の承認を受けるこ
とができる。」の記述は誤っている。

3 は，法第79条（変更の届出等）第1項の規定で「（前略）…変更があったときは，
遅滞なく，その旨を経済産業大臣又は日本電気計器検定所に届け出なければならない。」
と定めており，**3** の「（前略）…，変更があるときは，あらかじめ，その旨を経済産業
大臣，日本が電気計器検定所又は当該特定計量器の検定を行う指定検定機関に届け出
なければならない。」の記述は誤っている。

4 は，法第89条（外国製造事業者に係る型式の承認等）第4項で準用する読み替え
規定の法第86条（改善命令）で「経済産業大臣は，承認製造事業者又は承認輸入事業
者が第八十条又は第八十二条（→ 第八十九条第二項）の規定に違反していると認める
ときは，その者に対し，その製造し，又は輸入する特定計量器が製造技術基準に適合
するために必要な措置をとるべきことを命ずる（→ 請求する）ことができる。」と矢印
のように読み替えるよう定めており，**4** の「（前略）…，当該特定計量器が製造技術基
準に適合していないと認めるときは，その者に対し，その製造する特定計量器が製造
技術基準に適合するために必要な措置をとるべきことを命ずることができる。」の記述
は誤っている。

5 は，「型式の承認」の効力を失う規定は，法第 87 条（承認の失効）および法第 83 条（承認の有効期間等）第 1 項で定めており，**5** の「（前略）…事業を廃止したとき以外には，その効力を失うことはない。」の記述は誤っている。

1 の記述は，法第 79 条第 1 項で「第七十六条（製造事業者の係る型式の承認）第一項の承認を受けた届出製造事業者（以下「承認製造事業者」という。）は，…（以下略）」と定めており，規定どおりで，正しい。

〔正 解〕 **1**

---- 問 **14** -------------------------------

指定製造事業者に関する次の記述の中から，誤っているものを一つ選べ。

1　指定製造事業者の指定は，届出製造事業者又は外国製造事業者の申請により，経済産業省令で定める事業の区分に従い，その工場又は事業場ごとに行う。

2　指定製造事業者の指定は，政令で定める期間ごとに更新を受けなければ，その期間の経過によって，その効力を失う。

3　経済産業大臣は，指定製造事業者の指定の申請に係る工場又は事業場における品質管理の方法が経済産業省令で定める基準に適合すると認めるときでなければ，その指定をしてはならない。

4　指定製造事業者の指定を取り消され，その取消しの日から 2 年を経過しない者は，再び指定を受けることができない。

5　計量法第 96 条第 1 項の規定に基づき，指定製造事業者が，製造した特定計量器に付することができる表示は，基準適合証印である。

〔題 意〕 指定製造事業者の指定等（法第 90 条から法第 96 条）に関する問題。

〔解 説〕 **1** は，法第 90 条（指定）の規定どおりで，正しい。

3 は，法第 92 条（指定の基準）第 2 項の規定どおりで，正しい。

4 は，法第 92 条第 1 項第 2 号の規定どおりで，正しい。

5 は，法第 96 条（表示）第 1 項および同項で委任する指定製造事業者の指定に関する省令第 8 条（基準適合証印）の規定どおりで，正しい。

2 は，指定製造事業者の指定に有効期間の規定は定められていないので，誤っている。

〔正 解〕 2

---- 問 15 ----

基準器検査に関する次の記述の中から，正しいものを一つ選べ。

1　基準器検査は，申請により，希望すれば誰でも受けることができる。

2　基準器検査証印の有効期間は，計量器の種類にかかわらず，5 年である。

3　基準器は，経済産業省令で定められた者以外に譲渡することはできない。

4　基準器検査の合格条件は，基準器検査を行った計量器の構造が経済産業省令で定める技術上の基準に適合し，かつ，その器差が経済産業省令で定める基準に適合することである。

5　基準器の所有者は，基準器を他人に貸し渡すときは，基準器検査成績書をともに貸し渡してはならない。

〔題 意〕　基準器検査（法第 102 ～ 105 条）に関する問題。

〔解 説〕　**1** は，法第 102 条（基準器検査）第 2 項で，「基準検査を行う計量器の種類及びこれを受けることができる者は，経済産業省令で定める。」と定めており，受検できる者は基準器検査規則第 2 条（基準器を用いる計量器の検査及び基準検査を受けることができる者）の表で規定されており，**1** の「基準器検査は，申請により，希望すれば誰でも受けることができる。」の記述は誤っている。

2 は，法第 104 条（基準器検査証印）第 2 項で，「基準器検査証印の有効期間は，計量器の種類ごとに経済産業省令で定める期間とする。」と，経済産業省令で定める期間は，基準器検査規則第 21 条（基準器検査証印の有効期間）の表で基準器の種類に応じて 6 月～ 10 年の有効期間が定められており，**2** の「基準器検査証印の有効期間は，計量器の種類にかかわらず，5 年である。」の記述は誤っている。

3 は，法第 105 条（基準器検査成績書）第 4 項で，「基準器を譲渡し，又は貸し渡すときは，基準器検査成績書をともにしなければならない。」と規定されているが，**3** の内容は定められていないので，誤っている。

5 は，法第第 105 条（基準器検査成績書）第 4 項で，「基準器を譲渡し，又は貸し渡すときは，基準器検査成績書をともにしなければならない。」と規定されており，**5** の「基準器の所有者は，基準器を他人に貸し渡すときは，基準器検査成績書をともに貸し渡してはならない。」の記述は誤っている。

4 は，法第 103 条（基準器検査の合格条件）第 1 項本条で，「基準器検査を行った計量器が次の各号に適合するときは，合格とする。」，同項第 1 号で「その構造が経済産業省令で定める技術上の基準に適合すること。」，同項第 2 号で「その器差が経済産業省令で定める基準に適合すること。」と定められており，**4** の記述は規定どおりで，正しい。

〔正 解〕 **4**

----- 〔問〕 **16** -----

計量法第 107 条の計量証明の事業の登録に関する次の記述の中から，誤っているものを一つ選べ。

1　地方公共団体は，計量証明の事業の登録を要しない。

2　国立研究開発法人国立環境研究所は，計量証明の事業の登録を要しない。

3　計量法施行令で定める法律の規定に基づきその業務を行うことについて登録，指定その他の処分を受けた者が当該業務として計量証明の事業を行う場合は，計量証明の事業の登録を要しない。

4　船積貨物の積込み又は陸揚げに際して行うその貨物の質量又は体積の計量証明の事業を行う場合は，計量証明の事業の登録を要しない。

5　計量証明の事業の登録の対象となる物象の状態の量の一つとして，温度，がある。

〔題 意〕 計量法第 107 条（計量証明の事業の登録）の計量証明の事業の登録等に関する問題。

〔解 説〕 **1** は，法第 107 条のただし書きで，「ただし，国若しくは地方公共団体又は…（中略）…当該計量証明の事業を行う場合は，この限りでない。」と定められており，**1** の記述は規定どおりで，正しい。

2は，法第107条のただし書きで，「ただし，国若しくは地方公共団体又は独立行政法人通則法（平成十一年法律第百三号）第二条第一項に規定する独立行政法人であって当該計量証明の事業を適正に行う能力を有するものとして政令で定めるもの…（中略）…当該計量証明の事業を行う場合は，この限りでない。」，施行令第26条の2（計量証明事業の登録を要しない独立行政法人）第3号で「国立研究開発法人国立環境研究所」と定められており，**2**の記述は規定どおりで，正しい。

3は，法第107条のただし書きで，「ただし，…（中略）…及び政令で定める法律の規定に基づきその業務を行うことについて登録，指定その他の処分を受けた者が当該業務として計量証明の事業を行う場合は，この限りでない。」と定められており，**3**の記述は規定どおりで，正しい。

4は，法第107条第1号で，「運送，寄託又は売買の目的たる貨物の積卸し又は入出庫に際して行うその貨物の長さ，質量，面積，体積又は熱量の計量証明（船籍貨物の積込み又は陸揚げに際して行うその貨物の質量又は体積の計量証明は除く。）の事業」と定めており，**4**の記述は規定どおりで，正しい。

5は，法第107条本条で，「計量証明の事業であって次に掲げるものを行おうとする者は，経済産業省令で定める事業の区分（次条において単に「事業の区分」という。）に従い，その事業所ごとにその所在地を管轄する都道府県知事の登録を受けなければならない。ただし，…（以下略）」，同条第1号「（前略）…長さ，質量，面積，体積又は熱量の計量証明の事業」，同条第2号「濃度，音圧レベルその他の物象の状態の令で政令で定めるものの計量証明の事業」と定めており，**5**の「計量証明の事業の「登録の対象となる物象の状態の量の一つとして，温度，がある。」との記述内容は定められていないので，誤っている。

なお，法第107条本条の経済産業省令で定める事業区分は施行規則第38条（事業の区分）別表第4の第1欄に「長さ，質量，面積，体積及び熱量の計量証明の事業」，第2号の政令で定める計量証明の事業は施行令第28条（計量証明の事業に係る物象の状態の量）第1～3号で「大気，音圧レベル及び振動レベルに係る計量証明の事業」と定められている。

【正　解】　**5**

-------- 問 17 --------

計量証明検査及び指定計量証明検査機関に関する次の記述の中から，正しいものを一つ選べ。

1 計量証明事業者が計量証明に使用する特定計量器であって，特定計量器の種類に応じて経済産業省令で定める計量士が，経済産業省令で定める方法により検査を行い，その計量証明事業者がその事業所の所在地を管轄する都道府県知事又は特定市町村の長にその旨を届け出たときは，当該特定計量器については，計量証明検査を受けることを要しない。

2 皮革面積計の計量法第 116 条第 1 項の政令で定める計量証明検査を受けるべき期間は，2 年である。

3 騒音計の計量法第 116 条第 1 項第 1 号の政令で定める計量証明検査を受けることを要しない期間は，3 年である。

4 指定計量証明検査機関は，計量証明検査を行う事業所の所在地を変更しようとするときは，変更しようとする日の 2 週間前までに，都道府県知事に届け出なければならない。

5 指定計量証明検査機関は，検査業務に関する規程を定め，都道府県知事又は特定市町村の長の認可を受けなければならない。

題 意 計量証明検査 (法第 116 ～ 121 条) に関する問題。

解 説 **1** は，法第 120 条 (計量証明検査に代わる計量士による検査) 第 1 項で，「計量証明を受けなければならない特定計量器であって，その特定計量器の種類に応じて経済産業省令で定める計量士が，第百十八条第二項及び第三項の経済省令で定める方法による検査を経済産業省令で定める期間内に行い，次項において準用する第二十五条第三項の規定により表示を付したものについて，その計量証明事業者がその事業所の所在地を管轄する都道府県知事にその旨を届け出たときは，当該特定計量器については，第百十六条第一項の規定にかかわらず，計量証明検査を受けることを要しない。」と定めており，**1** の「(前略)…，その計量証明事業者がその事業所の所在地を管轄する都道府知事又は特定市町村の長にその旨を届け出たときは，…(以下略)」の記述は誤っている。

2 は，法第 116 条（計量証明検査）第 1 項で委任する施行令第 29 条（計量証明検査を行うべき期間）第 1 号別表第 5 の上欄で特定計量器ごとに計量証明検査を受けるべき期間を「二　皮革面積計」について「一年」と定めており，**2** の「皮革面積計の計量法第 116 条第 1 項の政令で定める計量証明検査を受けるべき期間は，2 年である。」の記述は誤っている。

3 は，法第 116 条第 1 項第 1 号で委任する施行令第 29 条（計量証明検査を行うべき期間）第 2 号別表第 5 の下欄で特定計量器ごとに計量証明検査を受けることを要しない期間を「三　騒音計」について「六月」と定めており，**3** の「騒音計の計量法第 116 条第 1 項第 1 号の政令で定める計量証明検査を受けることを要しない期間は，3 年である。」の記述は誤っている。

5 は，法第 121 条（指定計量証明検査機関の指定等）第 2 項の準用規定の法第 30 条（業務規程）により，「指定計量証明検査機関は，検査に関する規程（業務規程）を定め，都道府県知事の認可を受けなければならない。…（以下略）」と定めており，**5** の「指定計量証明検査機関は，検査に関する規程を定め，都道府県知事又は特定市町村の長の認可を受けなければならない。」の記述は誤っている。

4 は，法第 121 条第 2 項の準用規定の法第 106 条（業務規程）第 2 項により，「指定計量証明検査機関は，検査を行う事業所の所在地を変更しようとするときは，変更しようとする日の二週間前までに，都道府県知事に届け出なければならない。」と定めており，**4** の記述は規定どおりで，正しい。

〔正解〕　**4**

---- 問 18 ----

特定計量証明事業について経済産業大臣が行うことと定められている事項に関する次の記述の中から，誤っているものを一つ選べ。

1　特定計量証明事業者の認定及びその旨の公示

2　認定特定計量証明事業者において，認定を受けた事業の計量管理を行う者として届け出た計量士が計量法又は同法に基づく命令の規定に違反したときの解任命令

3　認定特定計量証明事業者が不正の手段により計量法第 121 条の 2 の認定

を受けたときの認定の取消し及びその旨の公示

4 認定特定計量証明事業者が計量法第121条の2各号のいずれかに適合しなくなったときの認定の取消し及びその旨の公示

5 計量法第121条の2の特定計量証明認定機関の指定及びその旨の公示

［題　意］ 特定計量証明事業について経済産業大臣が行うことと定められている事項に関する問題。

［解　説］ **1**は，法第121条の2（認定），法第159条（公示）第1項本条および同項第12号の規定どおりで，正しい。

3は，法第121条の5（認定の取消し）本条，同条第2号，法159条第1項本条および同項第13号の規定どおりで，正しい。

4は，法第121条の5本条，同条第1号，法159条第1項本条および同項第13号の規定どおりで，正しい。

5は，法第121条の8（指定の基準），法159条第1項本条および同項第11号の規定どおりで，正しい。

2の「（前略）…届け出た計量士が計量法又は同法に基づく命令の規定に違反したときの解任命令」の記述は，認定特定計量証明事業者に関する規定には定められていないので，誤っている。

なお，計量士が計量法又は同法に基づく命令の規定に違反したときは，法第123条（登録の取消し等）本条で「経済産業大臣は，計量士が次の各号の一に該当するときは，その登録を取り消し，又は一年以内の期間を定めて，計量士の名称の使用の停止を命ずることができる。」と，同条第2号で「この法律又はこの法律に基づく命令の規定に違反したとき。」と定められている。

［正　解］ **2**

問 19

特定計量証明事業の認定に関する計量法第121条の2第1号から第3号の規定として，次のア～ウのうち，正しいものの組合せを一つ選べ。

ア　特定計量証明事業を適正に行うに必要な管理組織を有するものである

こと。

イ　特定計量証明事業を適確かつ円滑に行うに必要な経理的基礎を有するも
のであること。

ウ　特定計量証明事業を適正に行うに必要な業務の実施の方法が定められて
いるものであること。

1 イ

2 ア，イ

3 ア，ウ

4 イ，ウ

5 ア，イ，ウ

[題　意]　法第121条の2（認定）第1〜3号の特定計量証明事業の認定に関する条
文規定の正しい組合せについての問題。

[解　説]　アの記述は，法第121条の2第1号の規定どおりで，正しい。

ウの記述は，法第121条の2第3号の規定どおりで，正しい。

イは，法第121条の2第2号で，「特定計量証明事業を適確かつ円滑に行うに必要
な技術的能力を有するものであること。」と定められており，イの「特定計量証明事業
を適確かつ円滑に行うに必要な経理的基礎を有するものであること。」の記述は誤って
いる。

正しいものはアとウである。したがって，正しいものの組合せは**3**である。

[正　解] 3

-------- **問 20** --------

計量法第122条に規定する計量士の登録に関する次の記述の（　ア　）〜
（　ウ　）に入る語句の組合せとして，正しいものを一つ選べ。

第122条　経済産業大臣は，計量器の検査その他の（　ア　）を適確に行うた
めに必要な（　イ　）を有する者を計量士として登録する。

2　次の各号の一に該当する者は，経済産業省令で定める計量士の区分（以下
単に「計量士の区分」という。）ごとに，氏名，生年月日その他経済産業省

令で定める事項について，前項の規定による登録を受けて，計量士となることができる。

一 計量士国家試験に合格し，かつ，計量士の区分に応じて経済産業省令で定める（ ウ ）その他の条件に適合する者

	（ア）	（イ）	（ウ）
1	計量管理	学識経験	実務の経験
2	品質管理	知識経験	学識経験
3	計量管理	知識経験	実務の経験
4	品質管理	実務の経験	知識経験
5	正確な計量	知識経験	実務の経験

(題 意) 法第122条（登録）の条文規定の語句の正しい組合せについての問題。

(解 説) 法第122条第1項および第2項第1号の条文規定により，（ア）は「計量管理」，（イ）は「知識経験」，（ウ）は「実務の経験」が該当するので，正しい語句の組合せは **3** である。

(正 解) 3

---- **(問) 21**

計量士に関する次の記述の中から，正しいものを一つ選べ。

1 計量士国家試験に合格した者は，自動的に計量士の名称を用いることができる。

2 経済産業大臣は計量士の登録をしたときであっても，必ずしも計量士登録証を交付する必要はない。

3 計量士は，計量士登録証を汚し，損じ，又は失ったときは，経済産業省令で定めるところにより，その住所又は勤務地を管轄する都道府県知事を経由して，経済産業大臣に申請し，計量士登録証の再交付を受けることができる。

4 計量士登録簿は，経済産業省及び都道府県に備える。

5　計量士登録証の再交付を受けた者は，失った計量士登録証を発見したと
きは，遅滞なく，その発見した計量士登録証を経済産業大臣に直接返納し
なければならない。

〔題 意〕　計量士について，法第122条（登録）および法第124条（名称の使用制限）
ならびに関係政省令で定める制度の全般についての規定の理解度を問う問題。

〔解 説〕　**1**は，法第122条第1項で「経済産業大臣は，計量器の検査その他の計量
管理を適確に行うために必要な知識経験を有する者を計量士として登録する。」と，同
条第2項で「次の各号の一に該当する者は，…（中略）…前項の規定による登録を受け
て，計量士となることができる。」と，同項第1号で「計量士国家試験に合格し，かつ，
計量士の区分に応じて経済産業省令で定める実務の経験その他の条件に適合する者」
と定めており，**1**の「計量士国家試験に合格した者は，自動的に計量士の名称を用い
ることができる。」の記述は誤っている。

2は，施行令第34条（計量士登録証の交付）第1項で，「経済産業大臣は，計量士の
登録をしたときは，申請者に計量士登録証を交付するものとする。」と定めており，**2**
の「経済産業大臣は計量士の登録をしたときであっても，必ずしも計量士登録証を交
付する必要はない。」の記述は誤っている。

4は，施行令第33条（計量士登録簿）で，「計量士登録証は，経済産業省に備える。」
と定めており，**4**の「計量士登録証は，経済産業省及び都道府県に備える。」の記述は
誤っている。

5は，施行令第37条（計量士登録証の返納）で，「計量士の交付を受けた者は，次の
各号のいずれかに該当することとなったときは，遅滞なく，その住所又は勤務地を管
轄する都道府県知事を経由して，当該計量士登録証（第二号の場合にあっては，発見，
又は回復した計量士登録証）を経済産業大臣に返納しなければならない。」と，同条第
2号で「計量士登録証の再交付を受けた場合において，失った計量士登録証を発見し，
又回復したとき。」と定めており，**5**の「計量士登録証の再交付を受けた者は，失った
計量士登録証を発見したときは，遅滞なく，その発見した計量士登録証を経済産業大
臣に直接返納しなければならない。」の記述は誤っている。

3は，施行令第36条（計量士登録証の再交付）で，「計量士は，計量士登録証を汚
し，損じ，又は失ったときは，経済産業省令で定めるところにより，その住所又は勤

務地を管轄する都道府県知事を経由して，経済産業大臣に申請し，計量士登録証の再交付を受けることができる。」と定めており，**3**の記述は規定どおりで，正しい。

〔正 解〕 3

---- **問 22** ----

　適正計量管理事業所に関する次の記述の中から，誤っているものを一つ選べ。

1　適正計量管理事業所の指定を受けた者がその指定に係る事業所において使用する特定計量器は，都道府県知事又は特定市町村の長が行う定期検査を受けることを要しない。

2　適正計量管理事業所の指定を受けた者は，経済産業省令で定めるところにより，帳簿を備え，当該適正計量管理事業所において使用する特定計量器について計量士が行った検査の結果を記載し，これを保存しなければならない。

3　適正計量管理事業所の指定の基準の一つとして，特定計量器の種類に応じて経済産業省令で定める計量士が，当該事業所で使用する特定計量器について，経済産業省令で定めるところにより，検査を定期的に行うものであること，がある。

4　経済産業大臣は，適正計量管理事業所の指定を受けた者が計量法第 128 条に規定する指定の基準に適合しなくなったと認めるときは，その者に対し，これらの規定に適合するために必要な措置をとるべきことを命ずることができる。

5　適正計量管理事業所の指定を受けるための申請書に記載することが必要な事項の一つとして，品質管理の方法に関する事項（経済産業省令で定めるものに限る。），がある。

〔題 意〕　適正計量管理事業所に関する法第 19 条（定期検査）および法第 127 条（指定）～法第 131 条（適合命令）で定める制度の全般についての規定の理解度を問う問題。

〔解 説〕　**1**は，法第 19 条第 1 項で「（前略）…その特定計量器について，その事業

所（事業所がない者にあっては，住所。以下この節において同じ。）の所在地を管轄する都道府県知事（その所在地が特定市町村の区域にある場合にあっては，特定市町村の長）が行う定期検査を受けなければならない。ただし，次に掲げる特定計量器については，この限りでない。」と，同条同項のただし書きの第二号で「第百二十七条（指定）第一項の指定を受けた者がその指定に係る事業所において使用する特定計量器（前号に掲げるものを除く。）」と定めており，**1** の記述内容は規定どおりで，正しい。

　2 は，法第 129 条（帳簿の記載）で，「第百二十七条第一項の指定を受けた者は，経済産業省令で定めるところにより，帳簿を備え，当該適正計量管理事業所において使用する特定計量器について計量士が行った検査の結果を記載し，これを保存しなければならない。」と定めており，**2** の記述内容は規定どおりで，正しい。

　3 は，法第 128 条（指定の基準）の本条で「経済産業大臣は，前条第一項の指定の申請が次の各号に適合すると認めるときは，その指定をしなければならない。」と，同条第 1 号で「特定計量器の種類に応じて経済産業省令で定める計量士が，当該事業所で使用する特定計量器について，経済産業省令で定めるところにより，検査が定期的に行うものであること。」と定めており，**3** の記述内容は規定どおりで，正しい。

　4 は，法第 131 条（適合命令）で「経済産業大臣は，第百二十七条第一項の指定を受けた者が第百二十八条各号に適合しなくなったと認めるときは，その者に対し，これらの規定に適合するために必要な措置をとるべきことを命ずることができる。」と定めており，**4** の記述内容は規定どおりで，正しい。

　5 は，法第 127 条（指定）第 2 項で「前項の指定を受けようとする者は，次の事項を記載した申請書を当該特定計量器を使用する事業所の所在地を管轄する都道府県知事（その所在地が定市町村の区域にある場合にあっては，特定市町村の長）を経由して，経済産業大臣に提出しなければならない。」と，申請書に記載が必要な事項は，同項に「第一号　氏名又は名称及び住所並びに法人にあっては，その代表者の氏名」，「第二号　事業所の名称及び所在地」，「第三号　使用する特定計量器の名称，性能及び数」，「第四号　使用する特定計量器の検査を行う計量士の氏名，登録番号及び計量士の区分」，「第五号　計量管理の方法に関する事項（経済産業省令で定めるものに限る。）」と定められており，**5** の「適正計量管理事業所の指定を受けるための申請書に記載することが必要な事項の一つとして，品質管理の方法に関する事項（経済産業省令で定めるものに限る。），がある。」との記述内容は定められていないので，誤っている。

正 解 5

---- **問 23** ----

計量法第134条第1項に規定する特定標準器等に関する次の記述の（　ア　）
～（　ウ　）に入る語句の組合せとして，正しいものを一つ選べ。

第134条（　ア　）は，計量器の標準となる特定の物象の状態の量を現示する
　計量器又はこれを現示する標準物質を（　イ　）するための器具，機械若し
　くは装置を（　ウ　）するものとする。

	（ア）	（イ）	（ウ）
1	経済産業大臣	計量	指定
2	経済産業大臣	計量	校正
3	経済産業大臣	製造	指定
4	指定校正機関	計量	校正
5	指定校正機関	製造	指定

題 意　特定標準器による校正等に関する法第134条（特定標準器等の指定）の条
文規定の語句についての問題。

解 説　法第134条第1項で，「経済産業大臣は，計量器の標準となる特定の物象
の状態の量を現示する計量器又はこれを現示する標準物質を製造するための器具，機
械若しくは装置を指定するものとする。」の規定により，（ア）は「経済産業大臣」，（イ）
は「製造」，（ウ）は「指定」の語句が該当するので，**3**の語句の組合せが，正しい。

正 解 3

---- **問 24** ----

経済産業大臣が計量器の校正等の事業を行う者を登録するにあたり，当該登
録の申請が適合すべき要件として計量法第143条第2項に二つの要件が規定さ
れているが，次のア～オのうち，その要件として正しいものの組合せを一つ
選べ。

ア　特定標準器による校正等をされた計量器若しくは標準物質又はこれらの
　　計量器若しくは標準物質に連鎖して段階的に計量器の校正等をされた計量
　　器若しくは標準物質を用いて計量器の校正等を行うものであること。

イ　国際標準化機構が定めた品質マネジメントシステムに関する基準に適合
　　するものであること。

ウ　国際標準化機構及び国際電気標準会議が定めた校正を行う機関に関する
　　基準に適合するものであること。

エ　計量器の校正等に使用する特定標準器その他の器具，機械又は装置が経
　　済産業省令で定める基準に適合するものであること。

オ　計量器の校正等が不公正になるおそれがないものとして，経済産業省令
　　で定める基準に適合するものであること。

　1　ア，ウ
　2　ア，エ
　3　イ，エ
　4　イ，オ
　5　ウ，オ

[題　意]　特定標準器以外の計量器の校正事業の登録適合要件等についての問題。

[解　説]　特定標準器以外の計量器の校正事業の登録適合要件等を定めた法第143
条（登録）第2項第1号および第2号で「一　特定標準器による校正等をされた計量器
若しくは標準物質又はこれらの計量器若しくは標準物質に連鎖して段階的に計量器の
校正等をされた計量器若しくは標準物質を用いて計量器の校正等を行うものであるこ
と。」，「二　国際標準化機構及び国際電気標準会議が定めた校正を行う機関に関する
基準に適合するものであること。」と二つの要件が規定されており，該当する正しい記
述は，「ア」および「ウ」である。

　したがって，正しいものの組合せは**1**である。

[正　解]　1

---- 問 25 ----

計量法の雑則及び罰則に関する次の記述の中から，正しいものを一つ選べ。

1 計量法第 148 条第 1 項に基づく立入検査において，届出製造事業者は立入検査をする職員が行う同項に基づく計量器の検査を拒んだとしても，罰則の適用を受けることはない。

2 都道府県知事は，計量法の施行に必要な限度において，指定検定機関に対し，その業務又は経理の状況に関し報告させることができる。

3 計量士でない者が，計量士の名称を用いても，罰則の適用を受けることはない。

4 都道府県知事は，指定定期検査機関から検査業務の休廃止の届出があったときは，その旨を公示しなければならない。

5 計量法第 148 条に基づく立入検査をする職員は，その身分を示す証明書を携帯し，要請があった場合に限り，関係者に提示する必要がある。

題意 計量法の適正な計量管理（第 124 条），雑則（第 147 条，第 148 条，第 159 条）および罰則（法 173 条，法 175 条）に関する規定の理解度を問う問題。

解説 **1** は，法第 175 条（罰則）本条で「次の各号のいずれかに該当する者は，二十万円以下の罰金に処する。」と，同条第 3 号で「第百四十八条（立入検査）第一項の規定による検査を拒み，妨げ，若しくは忌避し，又は同項の規定による質問に対して答弁をせず，若しくは虚偽の答弁をした者」と定めており，**1** の「（前略）…検査を拒んだとしても，罰則の適用を受けることはない。」の記述は誤っている。

2 は，法第 147 条（報告の徴収）第 2 項で「経済産業大臣は，この法律の施行に必要な限度において，指定検定機関，特定計量証明認定機関又は指定校正機関に対し，その業務又は経理の状況に関し報告させることができる。」と定めており，**2** の「都道府県知事は，…（以下略）」の記述は誤っている。

3 は，法第 124 条（名称の使用制限）で「計量士でない者は，計量士の名称を用いてはならない。」と，法第 173 条本条で「次の各号のいずれかに該当する者は，五十万円以下の罰金に処する。」と，同条第 1 号で「（前略）…又は第百二十四条の規定に違反した者」と定めており，**3** の「（前略）…，罰則の適用を受けることはない。」の記述は誤っ

ている。

5 は，法第 148 条（立入検査）第 4 項で「前 3 項の規定により立入検査をする職員は，その身分を示す証明書を携帯し，関係者に提示しなければならない。」と定めており，5 の「（前略）…，要請があった場合に限り，関係者に提示する必要がある。」の記述は誤っている。

4 は，法第 159 条（公示）第 2 項本条で「都道府県知事は，次の場合には，その旨を公示しなければならない。」と，同項第 2 号で「第三十二条（第百二十一条第二項において準用する場合を含む。）の届出があったとき。」と，第 32 条（業務の休廃止）で「指定定期検査機関は，検査業務の全部又は一部を休止し，又は廃止しようとするときは，経済産業省令で定めるところにより，あらかじめ，その旨を都道府県知事又は特定市町村の長に届け出なければならない。」と定めており，4 の記述は規定どおりで，正しい。

〔正 解〕 4

1.3　第70回（令和元年12月実施）

------ 問 1 ------

計量法第1条の目的及び同法第2条の定義等に関する次の記述の中から，誤っているものを一つ選べ。

1　計量法は，計量の基準を定め，適正な計量の実施を確保し，もって経済の発展及び文化の向上に寄与することを目的とする。

2　「取引」とは，物又は役務の給付を目的とする業務上の行為をいい，無償の場合は，含まれない。

3　車両又は船舶の運行に関して，人命又は財産に対する危険を防止するためにする計量であって政令で定めるものは，計量法の適用に関しては，証明とみなす。

4　「計量器」とは，計量をするための器具，機械又は装置をいう。

5　計量器の製造には，経済産業省令で定める改造を含むものとし，計量器の修理には，当該経済産業省令で定める改造以外の改造を含む。

【題 意】　計量法（以下「法」という。）第1条（目的）および法第2条（定義等）各項の規定についての記述の正誤の問題。

【解 説】　1の記述は，法第1条の規定どおりで，正しい。

3の記述は，法第2条（定義等）第3項の規定の主旨のとおりで，正しい。

4の記述は，法第2条第4項前段の規定どおりで，正しい。

5の記述は，法第2条第5項の規定どおりで，正しい。

2の「取引」は，法第2条第2項の前段で「この法律において「取引」とは，有償であると無償であるとを問わず，物又は役務の給付を目的とする業務上の行為をいい，…（以下略）」と定められており，2の“「取引」とは，物又は役務の給付を目的とする業務上の行為をいい，無償の場合は，含まれない。”との記述は，誤っている。

【正 解】　2

------ 問 2 ------

計量法第2条に規定する特定計量器の定義に関する次の記述の（ア）〜（ウ）に入る語句の組合せとして，正しいものを一つ選べ。

「特定計量器」とは，取引若しくは証明における計量に使用され，又は主として一般消費者の生活の用に供される計量器のうち，適正な計量の実施を確保するためにその（　ア　）又は器差に係る（　イ　）を定める必要があるものとして（　ウ　）で定めるものをいう。

	（ア）	（イ）	（ウ）
1	構成	規格	政令
2	構造	基準	経済産業省令
3	構成	標準	経済産業省令
4	構造	基準	政令
5	構造	標準	経済産業省令

題 意　法第2条（定義等）第4項後段の「特定計量器」の定義の条文の語句の組合せについての問題。

解 説　法第2条第4項の後段の「特定計量器」の定義で，「この法律において…（中略）…，「特定計量器」とは，取引若しくは証明における計量に使用され，又は主として一般消費者の生活の用に供される計量器のうち，適正な計量の実施を確保するためにその<u>構造</u>又は器差に係る<u>基準</u>を定める必要があるものとして<u>政令</u>で定めるものをいう。」と定めており，（ア）は「構造」が，（イ）は「基準」が，（ウ）は「政令」が該当するので，**4**の語句の組合せが正しい。

正 解　4

------ 問 3 ------

国際単位系に係る計量単位として計量法第3条に規定され，同法別表第1に掲げられている物象の状態の量と計量単位との組合せとして，誤っているものを一つ選べ。

	（物象の状態の量）	（計量単位）
1	角度	ラジアン　度　秒　分
2	周波数	ヘルツ
3	圧力	パスカル又はニュートン毎平方メートル　バール
4	電力量	ジュール又はワット秒ワット時
5	照度	カンデラ

［題　意］　法第3条（国際単位系に係る計量単位）別表第1に掲げる「物象の状態の量」と「計量単位」の組合せの問題。

［解　説］　**1** の物象の状態の量「角度」の計量単位は、法第3条別表第1の下欄に「ラジアン、度、秒、分」と定めており、**1** の組合せは正しい。

　2 の物象の状態の量「周波数」の計量単位は、法第3条別表第1の下欄に「ヘルツ」と定めており、**2** の組合せは正しい。

　3 の物象の状態の量「圧力」の計量単位は、法第3条別表第1の下欄に「パスカル又はニュートン毎平方メートル、バール」と定めており、**3** の組合せは正しい。

　4 の物象の状態の量「電力量」の計量単位は、法第3条別表第1の下欄に「ジュール又はワット秒、ワット時」と定めており、**4** の組合せは正しい。

　5 の物象の状態の量「照度」の計量単位は、法第3条別表第1の下欄に「ルクス」と定められており、**5** の記述の計量単位「カンデラ」は誤っている。

　よって、誤っている語句の組合せは、**5** の照度、カンデラである。

　なお、計量単位の「カンデラ」は、法第3条別表第1に掲げる物象の状態の量の「光度」の計量単位として定められている。

［正　解］　**5**

［問］4

　計量法第8条に規定する非法定計量単位の使用の禁止に関する次の記述の（ア）及び（イ）に入る語句として、正しいものを一つ選べ。

　第8条　第3条から第5条までに規定する計量単位（以下「法定計量単位」という。）以外の計量単位（以下「非法定計量単位」という。）は、第2条第1

項第1号に掲げる物象の状態の量について，（　ア　）に用いてはならない。

2　第5条第2項の政令で定める計量単位は，同項の政令で定める（　イ　）に係る（　ア　）に用いる場合でなければ，（　ア　）に用いてはならない。

	（ア）	（イ）
1	取引又は証明	特定計量器
2	取引又は証明	特殊の計量
3	貨物の輸入のための計量	外国製造者
4	計量器の製造	届出製造事業者
5	計量器の製造	特殊の計量

〔題 意〕　法第8条（非法定計量単位の使用の禁止）の計量単位に関する条文規定の語句の穴埋めについての問題。

〔解 説〕　法第8条第1項で「第三条から第五条までに規定する計量単位（以下「法定計量単位」という。）以外の計量単位（以下「非法定計量単位」という。）は，第二条第一項第一号に掲げる物象の状態の量について，取引又は証明に用いてはならない。」と，同条第2項で「第五条第二項の政令で定める計量単位は，同項の政令で定める特殊の計量に係る取引又は証明に用いる場合でなければ，取引又は証明に用いてはならない。」と定めており，（ア）は「取引又は証明」が，（イ）は「特殊の計量」が該当するので，**2**の語句の組合わせが正しい。

〔正 解〕　**2**

---- **問 5** --

計量法第13条第1項の政令で定める商品（密封をしたときに特定物象量を表記すべき特定商品）に該当しないものを一つ選べ。

1　油菓子（1個の質量が3グラム未満のもの。）

2　ゆでめん

3　もち

4　家庭用合成洗剤

5　小麦粉

［題　意］　法第 13 条（密封をした特定商品に係る特定物象量の表記）第 1 項の政令で定める特定商品に関する問題。

［解　説］　法第 13 条第 1 項で委任する特定商品の販売に係る計量に関する政令第 5 条（密封をしたときに特定物象量を表記すべき特定商品）各号で特定商品が定められている。

1 の「油菓子（1 個の質量が 3 グラム未満のもの）」は，政令第 5 条第 9 号で別表第 1 第 12 号 (2) で「油菓子（一個の質量が三グラム未満のものに限る）」と定めており，法第 13 条第 1 項の政令で定める特定商品に該当する。

3 の「もち」は，政令第 5 条第 1 号で別表第 1 第 11 号「もち，オートミールその他の穀類加工品」と定めており，法第 13 条第 1 項の政令で定める特定商品に該当する。

4 の「家庭用合成洗剤」は，政令第 5 条第 1 号で別表第 1 第 28 号「家庭用合成洗剤，家庭用洗浄剤及びクレンザー」と定めており，法第 13 条第 1 項の政令で定める特定商品に該当する。

5 の「小麦粉」は，政令第 5 条第 1 号で別表第 1 第 3 号「米粉，小麦粉その他の粉類」で定められており，法第 13 条第 1 項の政令で定める特定商品に該当する。

2 の「ゆでめん」は，政令第 5 条第 8 号で「別表第一第十号に掲げるもののうち，ゆでめん又はむしめん以外のもの」と定められており，法第 13 条第 1 項で委任する政令第 5 条各号には定められていないので，該当しない。

［正　解］　2

----- **［問］6** -----

計量法第 14 条第 1 項の規定に関する次の記述の（ア）〜（ウ）に入る語句の組合せとして，正しいものを一つ選べ。

第 14 条　前条第 1 項の政令で定める特定商品の輸入の事業を行う者は，その（　ア　）に関し密封をされたその特定商品を（　イ　）するときは，その容器又は包装に，（　ウ　）計量をされたその（　ア　）が同項の経済産業省令で定めるところにより表記されたものを販売しなければならない。

	（ア）	（イ）	（ウ）
1	物象の状態の量	販売	量目公差を超えないように
2	物象の状態の量	輸入して販売	適正に
3	特定物象量	販売	正確に
4	特定物象量	輸入して販売	量目公差を超えないように
5	特定物象量	輸入	正確に

〔題意〕 法第 14 条（輸入した特定商品に係る特定物象量の表記）の条文の語句の組合せについての問題。

〔解説〕 法第 14 条第 1 項で「前条第一項の政令で定める特定商品の輸入の事業を行う者は，その特定物象量に関し密封をされたその特定商品を輸入して販売するときは，その容器又は包装に，量目公差を超えないように計量をされたその特定物象量が同項の経済産業省令で定めるところにより表記されたものを販売しなければならない。」と定めており，（ア）は「特定物象量」，（イ）は「輸入して販売」，（ウ）は「量目公差を超えないように」の語句が該当するので，**4** の語句の組合せが正しい。

〔正解〕 4

---- **問 7** --------

計量器等の使用に関する次のア〜エの記述のうち，正しいものがいくつあるか，次の **1 〜 5** の中から一つ選べ。

ア 計量器でないものは，取引又は証明における法定計量単位による計量に使用してはならない。

イ 検定証印が付されているすべての特定計量器は，取引又は証明における法定計量単位による計量に使用することができる。

ウ 経済産業大臣が指定した者が製造した経済産業省令で定める型式に属する特殊容器を使用する者は，あらかじめ，経済産業省令で定める事項を都道府県知事に届け出なければならない。

エ 特定の方法に従って使用し，又は特定の物若しくは一定の範囲内の計量に使用しなければ正確に計量をすることができない特定計量器であって政

令で定めるものは，政令で定めるところにより使用する場合でなければ，
取引又は証明における法定計量単位による計量に使用してはならない。

1　0 個

2　1 個

3　2 個

4　3 個

5　4 個

（題 意） 計量器等の使用に係る規定の理解度を問う問題。

（解 説） アの「計量器でないもの」は，法第 16 条（使用の制限）第 1 項で「<u>次の各号の一に該当するもの（船舶の喫水により積載した貨物の質量の計量をする場合におけるその船舶及び政令で定める特定計量器を除く。）は，取引又は証明における法定計量単位による計量</u>（第二条第一項第二号に掲げる物象の状態の量であって政令で定めるものの第六条の経済産業省令で定める計量単位による計量を含む。第十八条，第十九条第一項及び第百五十一条第一項において同じ。）<u>に使用し，又は使用に供するために所持してはならない。</u>」と，また，同条同項第 1 号で「<u>計量器でないもの</u>」と定めており，アの記述内容は規定どおりで，正しい。

イの「検定証印が付されているすべての特定計量器」は，法第 16 条（使用の制限）第 1 項で「<u>次の各号の一に該当するもの…（中略）…取引又は証明における法定計量単位による計量…（中略）…に使用し，又は使用に供するために所持してはならない。</u>」と，また，同条同項第 2 号で「<u>次に掲げる特定計量器以外の特定計量器</u>」，同条同項第 2 号イで「<u>経済産業大臣，都道府県知事，日本電気計器検定所又は経済産業大臣が指定した者（以下「指定検定機関」という。）が行う検定を受け，これに合格したものとして第七十二条第一項の検定証印が付されている特定計量器</u>」と，また，同条同項第 3 号で「<u>第七十二条第二項の政令で定める特定計量器で同条第一項の検定証印又は第九十六条第一項の表示（以下「検定証印等」という。）が付されているものであって，検定証印等の有効期間を経過したもの</u>」，「検定証印が付されている特定計量器であっても，検定証印の有効期間を経過したものは，取引又は証明における法定計量単位による計量に使用できない。」と定められており，イの「検定証印が付されている全ての特定計

量器は，取引又は証明における法定計量単位による計量に使用することができる。」の
記述内容は誤っている。

ウの「特殊容器の使用」については，法第17条（特殊容器の使用）第1項で「経済産
業大臣が指定した者が製造した経済産業大臣で定める型式に属する特殊容器（透明又
は半透明の容器であって経済産業省令で定めるものをいう。以下同じ。）であって，第
六十三条第一項（第六十九条第一項において準用する場合を含む。次項において同じ。）
の表示が付されているものに，政令で定める商品を経済産業省令で定める高さまでに
満たして，体積を法定計量単位により示して販売する場合におけるその特殊容器につ
いては，前条第一項の規定は適用しない。」と，同条第2項で「第六十三条第一項の表
示が付された特殊容器に前項の経済産業省令で定める高さまでその特殊容器に係る商
品を満たしていないときは，その商品は，販売してはならない。ただし，同条第二項
（第六十九条第一項において準用する場合を含む。）の規定により表記した容量によら
ない旨を明示したときは，この限りでない。」と定められているが，ウの「（前略）…使
用する者は，あらかじめ，経済産業省令で定める事項を都道府県知事に届け出なけれ
ばならない。」の記述内容は規定されていないので，誤っている。

エの「特定の方法に従って使用し，又は特定の物若しくは一定の範囲内の計量に使
用しなければ正確に計量することができない特定計量器」については，法第18条（使
用方法等の制限）で「特定の方法に従って使用し，又は特定の物若しくは一定の範囲
内の計量に使用しなければ正確に計量することができない特定計量器であって政令で
定めるものは，政令で定めるところにより使用する場合でなければ，取引又は証明に
おける法定計量単位による計量に使用してはならない。」と定めており，エの記述内容
は規定どおりで，正しい。

よって，正しい記述は，「ア」と「エ」の2個であり，**3**の2個が正しい。

〔正 解〕 **3**

---- 問 **8** --

定期検査に関する次のア～エの記述のうち，正しいものがいくつあるか，次
の **1**～**5** の中から一つ選べ。

ア　定期検査の対象となる特定計量器は，検定証印又は基準適合証印が付さ

れた非自動はかりのみであり，当該非自動はかりを取引又は証明における
法定計量単位による計量に使用する者は，当該非自動はかりの検定証印等
を付した年月から 2 年ごとに，その事業所（事業所がない者にあっては，住
所。）の所在地を管轄する都道府県知事（その所在地が特定市町村の区域に
ある場合にあっては，特定市町村の長）が行う定期検査を受けなければな
らない。

イ　やむを得ない事由により，都道府県知事又は特定市町村の長が指定した
場所において定期検査を受けることができない者が，あらかじめ，都道府
県知事又は特定市町村の長にその旨を届け出ることにより，その届出に係
る非自動はかりに関して，直近の定期検査を行った年月から 2 年を超えな
い期日までに，当該届出をした者の事業所（事業所がない者にあっては，住
所。）において当該非自動はかりの定期検査を受けることができる。

ウ　市町村の長は，定期検査の実施について，都道府県知事が指定する場所
を当該市町村において公示するとともに，その対象となる非自動はかりの
数及び当該非自動はかりの直近の定期検査を行った年月を調査し，経済産
業省令で定めるところにより，都道府県知事に報告しなければならない。

エ　定期検査の合格条件は，検定証印等が付されていること，直近の定期検
査を行った年月から 2 年を超えないものであること，その性能が経済産業
省令で定める技術上の基準に適合すること及びその器差が経済産業省令で
定める使用公差を超えないこと，である。

1　0 個
2　1 個
3　2 個
4　3 個
5　4 個

【題意】定期検査について，法第 19 条（定期検査）から第 23 条（定期検査の合格
条件）まで，制度の全般についての理解度を問う問題。

【解 説】　アは，法第 19 条（定期検査）第 1 項で「特定計量器（第十六条第一項又は第七十二条第二項の政令で定めるものを除く。）のうち，その構造，使用条件，使用状況等からみて，その性能及び器差に係る検査を定期的に行うことが適当であると認められるものであって政令で定めるものを取引又は証明における法定計量単位による計量に使用する者は，その特定計量器について，その事業所（事業所がない者にあっては，住所。以下この節において同じ。）の所在地を管轄する都道府県知事（その所在地が特定市町村の区域にある場合にあっては，特定市町村の長）が行う定期検査を受けなければならない。ただし，次に掲げる特定計量器については，この限りでない。」と，施行令第 10 条（定期検査の対象となる特定計量器）第 1 項で「法第十九条第一項の政令で定める特定計量器は，次のとおりとする。第一号　非自動はかり（第五条第一号又は第二号に掲げるものを除く。），分銅及びおもり　第二号　皮革面積計」と定めており，アの「定期検査の対象となる特定計量器は，検定証印又は基準適合証印が付された非自動はかりのみであり，…（中略）…定期検査を受けなければならない。」の記述内容は誤っている。

イは，法第 21 条（定期検査の実施時期等）第 3 項で「疾病，旅行その他やむを得ない事由により，実施期日に定期検査を受けることができない者が，あらかじめ，都道府県知事又は特定市町村の町にその旨を届け出たときは，その届出に係る特定計量器の定期検査は，その届け出があった日から一月を超えない範囲内で都道府県知事又は特定市町村の長が指定する期日に，都道府県知事又は特定市町村の長が指定する場所で行う。」と定められており，イの「（前略）…，その届出に係る非自動はかりに関して，直近の定期検査を行った年月から二年を超えない期日までに，当該届出をした者の事業所（事業所がない者にあっては，住所。）において当該非自動はかりの定期検査を受けることができる。」の記述内容は誤っている。

ウは，法第 22 条（事前調査）で「都道府県知事が定期検査の実施について前条第二項の規定により公示したときは，当該定期検査を行う区域内の市町村の長は，その対象となる特定計量器の数を調査し，経済産業省令で定めるところにより，都道府県知事に報告しなければならない。」と定めており，ウの「市町村の長は，定期検査の実施について，都道府県知事が指定する場所を当該市町村において公示するとともに，その対象となる非自動はかりの数及び当該非自動はかりの直近の定期検査を行った年月を調査し，都道府県知事に報告しなければならない。」との記述内容は，規定されてい

ないので，誤っている。

エは，法第23条（定期検査の合格条件）第1項で「定期検査を行った特定計量器が次の各号に適合するときは，合格とする。第一号　検定証印等が付されていること。第二号　その性能が経済産業省令で定める技術上の基準に適合すること。第三号　その器差が経済産業省令で定める使用公差を超えないこと。」と定められており，エの「定期検査の合格条件は，…（中略）…，直近の定期検査を行った年月から2年を超えないものであること，…（以下略）」の記述内容は，規定されていないので，誤っている。

よって，誤っている記述は，「ア」「イ」「ウ」および「エ」であり，正しい記述は**1**の0個である。

〔正 解〕　**1**

-------- 問 9 --------

指定定期検査機関の指定の基準に関する次のア～エの記述のうち，計量法第28条に規定されている事項に該当しないものの組合せとして，正しいものを一つ選べ。

ア　経済産業省令で定める条件に適合する知識経験を有する者が定期検査を実施し，その数が経済産業省令で定める数以上であること。

イ　法人にあっては，その役員又は法人の種類に応じて経済産業省令で定める構成員の構成が定期検査の公正な実施に支障を及ぼすおそれがないものであること。

ウ　検査業務を適確かつ円滑に行うに必要な技術的能力を有するものであること。

エ　検査業務を適正に行うに必要な業務の実施の方法が定められているものであること。

1　ア，イ
2　ア，ウ
3　イ，ウ

4　イ，エ

5　ウ，エ

(題 意)　指定定期検査機関の指定の基準に関する問題。

(解 説)　法第 28 条 (指定の基準) で「都道府県知事又は特定市町村の長は，第二十条第一項の指定の申請が次の各号に適合していると認めるときでなければ，その指定をしてはならない。第一号　経済産業省令で定める器具，機械又は装置を用いて定期検査を行うものであること。第二号　経済産業省令で定める条件に適合する知識経験を有する者が定期検査を実施し，その数が経済産業省令で定める数以上であること。第三号　法人にあっては，その役員又は法人の種類に応じて経済産業省令で定める構成員の構成が定期検査の公正な実施に支障を及ぼすおそれがないものであること。第四号　前号に定めるもののほか，定期検査が不公正になるおそれがないものとして，経済産業省令で定める基準に適合するものであること。第五号　検査業務を適確かつ円滑に行うに必要な経理的基礎を有するものであること。第六号　その指定をすることによって申請に係る定期検査の適確かつ円滑な実施を阻害することとならないこと。」と定められており，アの記述内容は第 28 条第 2 号の規定どおりで，指定の基準に該当する。イの記述内容は第 28 条第 3 号の規定どおりで，指定の基準に該当する。ウの記述内容は第 28 条各号に規定されている指定の基準に該当しない。エの記述内容は第 28 条各号に規定されている指定の基準に該当しない。

よって，計量法第 28 条に規定されている指定の基準に該当しないものの組合せとして，正しいものは **5** のウ，エである。

(正 解)　**5**

------ 問 **10** ------

特定計量器の製造，修理及び販売に関する次の記述の中から，正しいものを一つ選べ。

1　特定計量器の修理 (経済産業省令で定める軽微な修理を除く。) の事業を行おうとする者は，その事業の届出に際し，計量士の氏名を都道府県知事に届け出なければならない。

2 ガラス製体温計又は抵抗体温計の販売（輸出のための販売を除く。）の事業を行おうとする者は，計量法第 51 条の規定に基づき，当該体温計の販売をしようとする営業所の所在地を管轄する都道府県知事に届け出なければならない。

3 電気計器以外の特定計量器の製造の事業を行おうとする者は，経済産業省令で定める事業の区分に従い，あらかじめ，市町村の長を経由して都道府県知事にその製造の事業の届出をしなければならない。

4 都道府県知事は，経済産業大臣が指定する特定計量器を製造する事業者が政令で定める事項を遵守していないため，適正な計量の実施の確保に著しい支障を生じていると認めるときは，国立研究開発法人産業技術総合研究所に対し，必要な措置をとるべきことを求めることができる。

5 届出修理事業者は，事業の届出をした事項（事業の区分を除く。）に変更があったときは，遅滞なく，その旨を都道府県知事（電気計器の届出修理事業者にあっては，経済産業大臣）に届け出なければならない。

〔題 意〕 特定計量器の製造，修理および販売に関する制度の全般について，理解度を問う問題。

〔解 説〕 1 は，法第 46 条（事業の届出）第 1 項で「特定計量器の修理（経済産業省令で定める軽微な修理を除く。第四十九条第三項を除き，以下同じ。）の事業を行おうとする者（自己が取引又は証明における計量以外にのみ使用する特定計量器の修理の事業を行う者を除く。）は経済産業省令で定める事業の区分（第二号において単に「事業の区分」という。）に従い，あらかじめ，次の事項を電気計器に係る場合にあっては経済産業大臣に，その他の特定計量器に係る場合にあっては当該特定計量器の修理をしようとする事業所の所在地を管轄する都道府県知事に届け出なければならない。ただし，届出製造事業者が第四十条第一項の規定による届出に係る特定計量器の修理の事業を行おうとするときは，この限りでない。第一号　氏名又は名称及び住所並びに法人にあっては，その代表者の氏名　第二号　事業の区分　第三号　当該特定計量器の修理をしようとする事業所の名称及び所在地　第四号　当該特定計量器の検査のための器具，機械又は装置にあって，経済産業省令で定めるものの名称，性能及び数」

と定めており，**1**の「(前略)…，<u>計量士の氏名を都道府県知事に届け出なければなら</u><u>ない。</u>」の記述内容は規定されていないので，誤っている。

2は，法第51条(事業の届出)第1項で「<u>政令で定める特定計量器の販売(輸出のた</u><u>めの販売を除く。)の事業を行おうとする者は</u>，経済産業省令で定める事業の区分(第二号において単に「事業の区分」という。)に従い，あらかじめ，次の事項を，当該特定計量器の販売をしようとする営業所の所在地を管轄する都道府県知事に届け出なければならない。ただし，…(以下略)」と，同条第1項で委任する施行令第13条(販売の事業の届出に係る特定計量器)で「法第五十一条第一項の政令で定める特定計量器は，非自動はかり(次条各号に掲げるものを除く。)，分銅及びおもりとする。」と定められており，**2**の「<u>ガラス製体温計又は抵抗体温計御販売の販売(輸出のための販売を</u><u>除く。)の事業を行おうとする者は，…(中略)…都道府県知事に届け出なければなら</u><u>ない。</u>」の記述内容は規定されていないので，誤っている。

3は，法第40条(事業の届出)第1項の規定で「<u>特定計量器の製造の事業を行うと</u><u>する者(自己が取引又は証明にける計量以外にのみ使用する特定計量器の製造の事業</u><u>を行う者を除く。)は経済産業省令で定める事業の区分</u>(第二号において単に「事業の区分」という。)に従い，あらかじめ，次の事項を経済産業大臣に届け出なければならない。」と，同条第2項で「<u>前項の規定による届出は，電気計器以外の特定計量器に係</u><u>る場合にあっては，経済産業省令で定めるところにより，都道府県知事を経由してし</u><u>なければならない。</u>」と定められており，**3**の「<u>電気計器以外の特定計量器の製造の事</u><u>業を行おうとする者は，…(中略)…あらかじめ，市町村の長を経由して都道府県知</u><u>事にその製造の事業の届出をしなければならない。</u>」の記述内容は，誤っている。

4は，法第44条(改善命令)で「<u>経済産業大臣は，届出製造事業者が前条の経済産</u><u>業省令で定める基準に従って特定計量器の検査を行っていないと認める場合において，</u><u>当該特定計量器の適正な品質を確保するために必要があると認めるときは，その届出</u><u>製造事業者に対し，当該特定計量器の検査のための器具，機械若しくは装置の改善又</u><u>はその検査の方法の改善に関し，必要な措置をとるべきことを命ずることができる。</u>ただし，前条ただし書の場合は，この限りでない。」と定められており，**4**の「<u>都道府</u><u>県知事は，…(中略)…政令で定める事項を遵守していないため，適正な計量の実施</u><u>の確保に著著しい支障を生じていると認めるときは，国立研究開発法人産業技術総合</u><u>研究所に対し，必要な措置を取るべきことを求めることができる。</u>」の記述内容は定め

れていないので，誤っている。

5 は，法第46条（事業の届出）第2項で「第四十一条（承継），第四十二条（変更の
届出等）第一項及び第二項並びに前条（廃止の届出）第一項の規定は，前項の規定による
届出をした者（以下「届出修理事業者」という。）に準用する。この場合において，第
四十二条第一項及び前条第1項中「経済産業大臣」とあるのは，「都道府県知事（電気
計器の届出修理事業者にあっては，経済産業大臣）」と読み替えるものとする。」と，法
第42条（変更の届出等）第1項で「届出製造事業者は，第四十条第一項第一号，第三
号又は第四号の事項に変更があったときは，遅滞なく，その旨を経済産業大臣に届け
出なければならない。」と，この規定を法第46条第2項で読み替えると「届出修理事
業者は，第四十六条（事業の届出）第一項第一号，第三号又は第四号の事項に変更が
あったときは，遅滞なく，その旨を都道府県知事（電気計器の届出修理事業者にあっ
ては，経済産業大臣）に届け出なければならない。」と定めており，**5** の記述内容は規
定どおりで，正しい。

〔正 解〕　**5**

------ 問 **11** --

計量法第57条に規定する譲渡等の制限に関する次の記述の（ア）～（ウ）に入
る語句の組合せとして，正しいものを一つ選べ。

第57条　体温計その他の政令で定める特定計量器の製造，修理又は（　ア　）
　　　　の事業を行う者は，検定証印等（第72条第2項の政令で定める特定計量器
　　　　にあっては，有効期間を経過していないものに限る。次項において同じ。）
　　　　が付されているものでなければ，当該特定計量器を譲渡し，貸し渡し，又
　　　　は（　イ　）に引き渡してはならない。ただし，輸出のため当該特定計量
　　　　器を譲渡し，貸し渡し，又は引き渡す場合において，あらかじめ，（　ウ　）
　　　　に届け出たときは，この限りでない。

	（ア）	（イ）	（ウ）
1	販売	販売を委託した者	経済産業大臣
2	販売	修理を委託した者	都道府県知事
3	輸入	修理を委託した者	都道府県知事

4 販売	販売を委託した者	都道府県知事
5 輸入	販売を委託した者	経済産業大臣

［題意］ 計量法第 57 条（譲渡等の制限）に規定する譲渡等の制限の条文語句の穴埋めに関する問題。

［解説］ 法第 57 条（譲渡等の制限）で「体温計その他の政令で定める特定計量器の製造，修理又は<u>輸入</u>の事業を行う者は，検定証印等（第七十二条第二項の政令で定める特定計量器にあっては，有効期間を経過していないものに限る。次項において同じ。）が付されているものでなければ，当該特定計量器を譲渡し，貸し渡し，又は<u>修理を委託した者</u>に引き渡してはならない。ただし，輸出のため当該特定計量器を譲渡し，貸し渡し，又は引き渡す場合において，あらかじめ，<u>都道府県知事</u>に届け出たときは，この限りでない。」と定められており，問題の穴埋め部分の語句は，（ア）は「輸入」，（イ）は「修理を委託した者」，（ウ）は「都道府県知事」である。よって，穴埋め部分の語句の組合せとして正しいものは **3** である。

［正解］ **3**

---- **［問］ 12** ----

計量法第 106 条第 1 項の政令で定める指定検定機関の指定の区分として，誤っているものを一つ選べ。

1 非自動はかり

2 自動捕捉式はかり

3 タクシーメーター

4 騒音計

5 振動レベル計

［題意］ 計量法第 106 条第 1 項で委任する施行令第 26 条（指定検定機関の指定区分）で定める指定検定機関の指定の区分に関する正誤の問題。

［解説］ 法第 106 条第 1 項で「<u>第十六条第一項第二号イの指定は，政令で定める区分</u>ごとに，…（中略）…を行おうとする者の申請により行う。」と，施行令第 26 条

（指定検定機関の指定区分）で「法第百六条第一項の政令で定める区分は，次のとおりとする。第一号　非自動はかり，第二号　ホッパースケール，第三号　充填用自動はかり，第四号　コンベヤケール，第五号　自動捕捉式はかり，第六号　第二条第三号イ（1）に掲げるガラス製温度計，第七号　ガラス製体温計，第八号　抵抗体温計，第九号　水道メーター及び温水メーター，第十号　燃料油メーター（第五条第四号に掲げるものを除く。以下同じ。），第十一号　液化石油ガスメーター，第十二号　ガスメーター（第五条第五号に掲げるものを除く。以下同じ。），第十三号　アネロイド型血圧計，第十四号　積算熱量計，第十五号　最大需要電力計，第十六号　電力量計，第十七号　無効電力量計，第十八号　照度計，第十九号　騒音計，第二十号　振動レベル計，第二十一号　ジルコニア式酸素濃度計，溶液導電率式二酸化硫黄濃度計，磁気式酸素濃度計，紫外線式二酸化硫黄濃度計，紫外線式窒素酸化物濃度計，非分散型赤外線式二酸化硫黄濃度計，非分散型赤外線式窒素酸化物濃度計，非分散型赤外線式一酸化炭素濃度計及び化学発光式窒素酸化物濃度計，第二十二号　ガラス電極式水素イオン濃度検出器及びガラス電極式水素イオン濃度指示計」と定めており，**3** のタクシーメーターは，指定の区分として定められていない。

　よって，指定区分として誤っているものは **3** のタクシーメーターである。

[正 解]　3

[問] 13

　特定計量器の型式の承認に関する次の記述の中から，正しいものを一つ選べ。

1　型式の承認は，届出製造事業者でなければ受けることができない。

2　型式の承認は，特定計量器ごとに政令で定める期間ごとにその更新を受けなければ，その期間の経過によって，その効力を失う。

3　特定計量器は，型式の承認を受けていなければ，検定に合格することができない。

4　型式の承認は，経済産業大臣に届け出ることにより，これを他の届出製造事業者（同一の事業の区分に限る）に承継することができる。

5　型式の承認は，すべて経済産業大臣が行う。

〔題 意〕 型式の承認に関する法第76条（製造事業者に係る型式の承認）から法第81条（輸入事業者に係る型式の承認等）まで，制度の全般についての規定の理解度を問う問題。

〔解 説〕 1 の特定計量器の「型式の承認」を受けることができる事業を行う者の規定は，法第76条（製造事業者に係る型式の承認），法第81条（輸入事業者に係る型式の承認等）および法第89条（外国製造事業者に係る型式の承認）で定められており，製造事業者だけでなく輸入事業者及び外国製造事業者についても「型式の承認」を受けることができるので，1 の「型式の承認は，届出製造事業者でなければ受けることができない。」との記述内容は，誤っている。

3 の「検定の合格条件」の規定は，法第71条（合格条件）第1項の規定で「検定を行った特定計量器が次の各号に適合するときは，合格とする。第一号　その構造（性能及び材料の性質を含む。以下同じ。）が経済産業省令で定める技術上の基準に適合すること。第二号　その器差が経済産業省令で定める検定公差を超えないこと。」と定められており，3 の「特定計量器は，型式の承認を受けなければ，検定に合格することができない。」の記述内容は定められていないので，誤っている。

4 は，法第79条（変更の届出等）第2項で「第六十一条（承継）及び第六十二条（変更の届出等）第二項の規定は，承認製造事業者に準用する。この場合において，第六十一条中「前条第一項」とあるのは「第七十七条第一項」と，同項中「前項」とあるのは「第七十九条第一項」と読み替えるものとする。」と，法第61条（承継）で「第十七条第一項の指定を受けた製造者（以下「指定製造者」という。）が当該指定に係る事業の全部を譲渡し，又は指定製造者について相続，合併若しくは分割（当該指定に係る事業の全部を承継させるものに限る。）があったときは，その事業の全部を譲り受けた者又は相続人，合併後存続する法人若しくは合併により設立した法人若しくは分割によりその事業の全部を承継した法人は，その指定製造者の地位を承継する。ただし，当該事業の全部を譲り受けた者又は相続人，合併後存続する法人若しくは合併により設立した法人若しくは分割により当該事業の全部を承継した法人が前条第一項に該当するときは，この限りでない。」と定められており，4 の「型式の承認は，経済産業大臣に届け出ることにより，これを他の届出製造事業者（同一の事業の区分に限る）に承継することができる。」の記述内容は定められていないので，誤っている。

5 は，法第76条（製造事業者に係る型式の承認）第1項の規定で，「届出製造事業者

は，その製造する特定計量器の型式について，政令で定める区分に従い，経済産業大臣又は日本電気計器検定所の承認を受けることができる。」と定めており，**5** の「型式の承認は，すべて経済産業大臣が行う。」の記述は誤っている。

　2 は，法第 83 条（承認の有効期間等）第 1 項で「第七十六条第一項及び第八十一条第一項の承認は，特定計量器ごとに政令で定める期間ごとにその更新を受けなければ，その期間の経過によって，その効力を失う。」と定めており，**2** の記述内容は規定どおりで，正しい。

〔正　解〕　**2**

------ 〔問〕 **14** ------

　計量法第 16 条第 1 項第 2 号ロの指定（指定製造事業者の指定）を受けようとする届出製造事業者が，申請書に記載しなければならない事項として同法第 91 条第 1 項に規定されている事項に該当しないものを一つ選べ。

　　1　事業の区分
　　2　工場又は事業場の名称及び所在地
　　3　第 40 条第 1 項の規定による届出の年月日
　　4　品質管理の方法に関する事項（経済産業省令で定めるものに限る。）
　　5　国際標準化機構及び国際電気標準会議が定めた試験所に関する基準に適
　　　　合するものであることを示す事項

〔題　意〕　法第 91 条（指定製造事業者に係る指定の申請）の指定を受けようとする届出製造事業者が，申請書に記載しなければならない事項についての問題。

〔解　説〕　法第 91 条第 1 項の規定で，「第十六条第一項第二号ロの指定を受けようとする届出製造事業者は，次の事項を記載した申請書を，経済産業大臣に提出しなければならない。第一号　氏名又は名称及び住所並びに法人にあっては，その代表者の氏名，第二号　事業の区分，第三号　工場又は事業場の名称及び所在地，第四号　第四十条第一項の規定による届出の年月日，第五号　品質管理の方法に関する事項（経済産業省令で定めるものに限る。）」と定められており，**5** の「国際標準化機構及び国際電気標準会議が定めた試験所に関する基準に適合するものであることを示す事項」の

記述内容は定められていないので，該当しない。

〔正 解〕 5

------ 問 15 ------

基準器検査に関する次の記述の中から，誤っているものを一つ選べ。

1　アネロイド型血圧計の検定において，その器差が経済産業省令で定める検定公差を超えないかどうかは，基準器検査に合格した計量器を用いて定めなければならない。

2　基準器検査を受ける計量器の器差が経済産業省令で定める基準に適合するかどうかは，その計量器に計量法第144条第1項の登録事業者が交付した計量器の校正に係る同項の証明書が添付されているものは，当該証明書により定めることができる。

3　基準器検査は，政令で定める区分に従い，経済産業大臣，都道府県知事又は指定検定機関が行う。

4　基準器検査に合格した計量器には，経済産業省令で定めるところにより，基準器検査証印を付する。

5　基準器検査を申請した者が基準器検査に合格しなかった計量器に係る基準器検査成績書の交付を受けているときは，その記載に消印を付する。

〔題 意〕　基準器検査（法第102〜105条）および委任する施行令第25条（基準器検査を行う者）に関する制度全般についての正誤問題。

〔解 説〕　1は，法第71条（合格条件）第1項で「検定を行った特定計量器が次の各号に適合するときは，合格とする。」と，同項第2号で「その器差が経済産業省令で定める検定公差を超えないこと。」と，同条第3項で「第一項第二号に適合するかどうかは，経済産業省令で定める方法により，第百二条第一項の基準器検査に合格した計量器（経済産業省令で定める特定計量器の器差については，経済産業省令で定める標準物質）を用いて定めるものとする。」と定めており，1の記述内容は規定どおりで，正しい。

2は，法第103条（基準器検査の合格条件）第1項で「基準器検査を行った計量器が

次の各号に適合するときは，合格とする。」と，同条同項第2号で「その器差が経済産業省令で定める基準に適合すること。」と，同条第3項で「第一項第二号に適合するかどうかは，経済産業省令で定める方法により，その計量器について計量器の校正をして定めるものとする。ただし，その計量器に第百四十四条第一項の登録事業者が交付した計量器の校正に係る同項の証明書が添付されているものは，当該証明書により定めることができる。」と定めており，**2**の記述内容は規定どおりで，正しい。

4は，法第104条（基準器検査証印）第1項で「基準器検査に合格した計量器（以下「基準器」という。）には，経済産業省令で定めるところにより，基準器検査証印を付する。」と定めており，**4**の記述内容は規定どおりで，正しい。

5は，法第105条（基準器検査成績書）第3項で「基準器検査を申請した者が基準器検査に合格しなかった計量器に係る基準器検査成績書の交付を受けているときは，その記載に消印を付する。」と定められており，**5**の記述内容は規定どおりで，正しい。

3は，法第第102条（基準器検査）第1項で「検定，定期検査その他計量器の検査であって経済産業省令で定めるものに用いる計量器の検査（以下「基準器検査」という。）は，政令で定める区分に従い，経済産業大臣，都道府県知事又は日本電気計器検定所が行う。」と，同条第1項で委任する施行令第25条（基準器検査を行う者）第1項で「法第百二条第一項の検査は，次の各号に掲げる計量器ごとに，当該各号に掲げる者が行う。」と，同条第1号で「長さ計（経済産業省令で定めるものに限る。），質量計（経済産業省令で定めるものに限る。），面積計及び体積計（経済産業省令で定めるものに限る。）その計量器の所在地を管轄する都道府県知事」と，同条第2号で「電流計，電圧計，電気抵抗計及び電力量計　日本電気計器検定所（日本電気計器検定所が天災その他の事由によって当該検査業務を実施できないときは，国立研究開発法人産業技術総合研究所）」と，同条第3号で「照度計　日本電気計器検定所（日本電気計器検定所が天災その他の事由によって当該検査業務を実施できないとき，又は検定所法第二十三条第2項の規定によっては当該検査業務を実施することができないときは，国立研究開発法人産業技術総合研究所）」と，同条第4号で「前三号に掲げる計量器以外の計量器　国立研究開発法人産業技術総合研究所」と定められており，**3**の「基準器検査は，政令で定める区分に従い，経済産業大臣，都道府県知事又は指定検定機関が行う。」の記述内容は定められていないので，誤っている。

〔正解〕　**3**

---- 問 **16** ----

計量法第 107 条の計量証明の事業の登録を受けなければ行うことができない事業として，誤っているものを一つ選べ。ただし，同条ただし書に該当する者が行う場合を除くものとする。

1　船積貨物の積込み又は陸揚げに際して行うその貨物の質量の計量証明の事業

2　運送，寄託又は売買の目的たる貨物の積卸し又は入出庫に際して行うその貨物の長さの計量証明の事業

3　土壌（水底のたい積物を含む。）中の物質の濃度の計量証明の事業

4　大気（大気中に放出される気体を含む。）中の物質の濃度の計量証明の事業

5　音圧レベル（計量単位令別表第 2 第 6 号の聴感補正に係るものに限る。）の計量証明の事業

題 意　計量法第 107 条（計量証明の事業の登録）の計量証明の事業の登録等に関する問題。

解 説　法第 107 条で「計量証明の事業であって次に掲げるものを行おうとする者は，経済産業省令で定める事業の区分（次条において単に「事業の区分」という。）に従い，その事業所ごとに，その所在地を管轄する都道府県知事の登録を受けなければならない。ただし，…（以下略）」と，同条第 1 号で「運送，寄託又は売買の目的たる貨物の積卸し又は入出庫に際して行うその貨物の長さ，質量，面積，体積又は熱量の計量証明（船積貨物の積込み又は陸揚げに際して行うその貨物の質量又は体積の計量証明を除く。）の事業」と，同条第 2 号で「濃度，音圧レベルその他の物象の状態の量で政令で定めるものの計量証明の事業（前号に掲げるものを除く。）」と，同条で委任する施行規則第 38 条（事業の区分）で「法第百七条の経済産業省令で定める事業の区分は，別表第四の第一欄に掲げるとおりとする。別表第四の第一欄の六　濃度　①大気中の物質の濃度に係る事業，②水又は土壌中の物質の濃度に係る事業」と定められており，計量証明事業の登録を受けなければ行うことができない事業として誤っている記述の設問は，同条第 1 号の括弧書き部分の記述内容の **1** である。

よって，誤っている記述のものは **1** である。

〔正 解〕　**1**

---- 問 **17** --------------------------------------

　次の特定計量器のうち，計量証明事業者が計量法第 116 条の規定に基づき計
量証明検査を受けなければならない特定計量器として政令で定めるものについ
て，誤っているものを一つ選べ。

　1　非自動はかり
　2　皮革面積計
　3　騒音計
　4　振動レベル計
　5　ガラス電極式水素イオン濃度検出器

〔題 意〕　法第 116 条 (計量証明検査) および施行令第 29 条で定める計量証明検査
を受けなければならない特定計量器に関する問題。

〔解 説〕　法第 116 条第 1 項で「計量証明事業者は，第百七条の登録を受けた日か
ら特定計量器ごとに政令で定める期間ごとに，経済産業省令で定めるところにより，
計量証明に使用する特定計量器 (第十六条第一項の政令で定めるものを除く。) であっ
て政令で定めるものについて，その登録をした都道府県知事が行う検査 (以下「計量
証明検査」という。) を受けなければならない。ただし，次に掲げる特定計量器につい
ては，この限りでない。」と，同条第 1 項で委任する施行令第 29 条 (計量証明検査を
行うべき期間) 第 1 項で「法第百十六条第一項の政令で定める特定計量器は別表第五
の上欄に掲げるものとし，同項各号列記以外の部分の政令で定める期間は同表の中欄
に掲げるとおりとする。」と，また，別表第 5 の上欄で「一　非自動はかり，分銅及び
おもり，二　皮革面積計，三　騒音計，四　振動レベル計，五　濃度計 (ガラス電極
式水素イオン濃度検出器及び酒精度浮ひょうを除く。)」と定められており，誤ってい
る特定計量器は，**5** の「ガラス電極式水素イオン濃度検出器」である。

〔正 解〕　**5**

---- 問 18 ----

計量法第 121 条の 2 の特定計量証明事業の定義に関する次の記述の下線部
（ア）～（ウ）のうち，誤っているもののみをすべて挙げている組合せを一つ選べ。

特定計量証明事業とは，計量法第 107 条第 2 号に規定する (ア) 特定物象量で
(イ) 極めて微量のものの計量証明を行うために (ウ) 高度の計量管理を必要とする
ものとして政令で定める事業をいう。

1 （ア）
2 （イ）
3 （ア），（イ）
4 （ア），（ウ）
5 （イ），（ウ）

題 意　法第 121 条の 2 の特定計量証明事業の定義に関する条文規定の語句の正
誤についての問題。

解 説　法第 121 条の 2（認定）で，「特定計量証明事業（第百七条第二号に規定す
る物象の状態の量で極めて微量のものの計量証明を行うために高度の技術を必要とす
るものとして政令で定める事業をいう。以下この条において同じ。）を行おうとする者
は，…（中略）…」と定めており，問題の記述の下線部 (ア) 特定物象量，(イ) 極めて
微量，(ウ) 高度の計量管理のうち，誤っている記述は，(ア) 特定物象量，(ウ) 高度
の計量管理である。

よって，誤っているもののみをすべて挙げている組合せは，**4** の（ア），（ウ）である。
正 解　**4**

---- 問 19 ----

特定計量証明事業に関する次のア～エの記述のうち，正しいものがいくつあ
るか，次の **1** ～ **5** の中から一つ選べ。

ア　特定計量証明事業を行おうとする者は，計量法第 121 条の 2 の規定によ
り，経済産業省令で定める事業の区分に従い，その事業所ごとに，経済産
業大臣の登録を受けなければならない。

イ 計量法又は同法に基づく命令の規定に違反し，罰金以上の刑に処せられ，その執行を終わり，又は執行を受けることがなくなった日から3年を経過しない事業者は，計量法第121条の2に規定する特定計量証明事業の登録を受けることができない。

ウ 計量法第121条の2に規定する特定計量証明事業の登録を受けるための要件の一つとして，事業の区分に応じて経済産業省令で定める条件に適合する知識経験を有する計量士が計量管理を行い，その方法が経済産業省令で定める基準に適合するものであること，がある。

エ 計量法第121条の2に規定する特定計量証明事業の登録は，3年を下らない政令で定める期間ごとにその更新を受けなければ，その期間の経過によって，その効力を失う。

1 0個

2 1個

3 2個

4 3個

5 4個

（題 意） 法第121条の2（認定）および法第121条の四（認定の更新）の特定計量証明事業の認定等に関する規定の正しい記述内容を問う問題。

（解 説） アは，法第121条の2で「特定計量証明事業（第百七条第二号に規定する物象の状態の量で極めて微量のものの計量証明を行うために高度の技術を必要とするものとして政令で定める事業をいう。以下この条において同じ。）を行おうとする者は，経済産業省令で定める事業の区分に従い，経済産業大臣又は経済産業大臣が指定した者（以下「特定計量証明認定機関」という。）に申請して，その事業が次の各号に適合している旨の認定を受けることができる。」と定めており，アの「特定計量証明事業を行おうとする者は，…（中略）…経済産業大臣の登録を受けなければならない。」の記述内容は，誤っている。

イは，法第121条の2で「特定計量証明事業（第百七条第二号に規定する物象の状態の量で極めて微量のものの計量証明を行うために高度の技術を必要とするものとし

て政令で定める事業をいう。以下この条において同じ。) を行おうとする者は，経済産業省令で定める事業の区分に従い，経済産業大臣又は経済産業大臣が指定した者（以下「特定計量証明認定機関」という。）に申請して，その事業が次の各号に適合している旨の認定を受けることができる。」と定めており，イの「（前略）…，計量法第 121 条の 2 に規定する特定計量証明事業の登録を受けることができない。」の記述内容は，誤っている。

ウは，法第 121 条の 2 で「特定計量証明事業（第百七条第二号に規定する物象の状態の量で極めて微量のものの計量証明を行うために高度の技術を必要とするものとして政令で定める事業をいう。以下この条において同じ。）を行おうとする者は，経済産業省令で定める事業の区分に従い，経済産業大臣又は経済産業大臣が指定した者（以下「特定計量証明認定機関」という。）に申請して，その事業が次の各号に適合している旨の認定を受けることができる。」と，同条第 1 号で「特定計量証明事業を適正に行うに必要な管理組織を有するものであること。」と，同条第 2 号で「特定計量証明事業を適確かつ円滑に行うに必要な技術的能力を有するものであること。」と，同条第 3 号で「特定計量証明事業を適正に行うに必要な業務の実施の方法が定められているものであること。」と定めており，ウの「計量法第 121 条の 2 に規定する特定計量証明事業の登録を受けるための要件の一つとして，事業の区分に応じて経済産業省令で定める条件に適合する知識経験を有する計量士が計量管理を行い，その方法が経済産業省令で定める基準に適合するものであること，がある。」の記述内容は定められていないので，誤っている。

エは，法第 121 条の 4（認定の更新）第 1 項で「第百二十一条の二の認定は，三年を下らない政令で定める期間ごとにその更新を受けなければ，その期間の経過によって，その効力を失う。」と定められており，エの「計量法第 121 条の 2 に規定する特定計量証明事業の登録は，…（中略）…，その効力を失う。」の記述内容は，誤っている。

よって，正しい記述内容はないので，**1** の 0 個である。

〔正 解〕 **1**

------ 問 **20** ------

計量士に関する次のア～エの記述のうち，正しいものの組合せを一つ選べ。

ア　計量士の登録を受けようとする者は，計量士国家試験に合格し，かつ計

量行政審議会の認定を受けなければならない。

イ　一般計量士の区分の計量士国家試験の合格者は，経済産業省令で定める実務の経験がないと計量士の登録を受けることができない。

ウ　経済産業大臣又は都道府県知事若しくは特定市町村の長は，計量法の施行に必要な限度において，計量士に対し，特定計量器の検査の業務の状況について報告させることができる。

エ　計量士の登録は，政令で定める期間ごとにその更新を受けなければ，その期間の経過によって，その効力を失う。

1　ア，イ

2　ア，ウ

3　イ，ウ

4　イ，エ

5　ウ，エ

（題　意） 計量士に関する法第122条（登録），法第147条（報告の徴収）および関係政令の施行施行令第39条（報告の徴収），施行令第51条（登録の条件）等の条文規定の語句の正しい組合せについての問題。

（解　説） アは，法第122条第2項で「次の各号の一に該当する者は，経済産業省令で定める計量士の区分（以下単に「計量士の区分」という。）ごとに，氏名，生年月日その他経済産業省令で定める事項について，前項の規定による登録を受けて，計量士となることができる。」と，同項第1号で「計量士国家試験に合格し，かつ，計量士の区分に応じて経済産業省令で定める実務の経験その他の条件に適合する者」と定められており，アの「計量士の登録を受けようとする者は，計量士国家試験に合格し，かつ計量行政審議会の認定を受けなければならない。」の記述内容は規定されていないので，誤っている。

イは，法第122条第2項で「次の各号の一に該当する者は，経済産業省令で定める計量士の区分（以下単に「計量士の区分」という。）ごとに，氏名，生年月日その他経済産業省令で定める事項について，前項の規定による登録を受けて，計量士となることができる。」と，同項第1号で「計量士国家試験に合格し，かつ，計量士の区分に応

じて経済産業省令で定める実務の経験その他の条件に適合する者」と定めており，イの記述内容は規定どおりで，正しい。

なお，法第122条第2項第1号の経済産業省令で定める条件は，施行規則第51条（登録の条件）第1項で定めており，設問の記述の一般計量士の実務経験は，同条同項第3号で「一般計量士にあっては，計量に関する実務に一年以上従事していること。」と定めている。

ウは，法第147条第1項で「経済産業大臣又は都道府県知事若しくは特定市町村の長は，この法律の施行に必要な限度において，政令で定めるところにより，…（中略）…，計量士，…（中略）…に対し，その業務に関し報告させることができる。」と，同条第1項で委任する施行令第39条別表第6の上欄「十一　計量士」，下欄「特定計量器の検査の業務の状況」と定めており，ウの記述内容は規定どおりで，正しい。

エの「計量士の登録は，政令で定める期間ごとにその更新を受けなければ，その期間の経過によって，その効力を失う。」との記述内容は，計量士の登録に「更新規定」は定められていないので，誤っている。

よって，正しい記述は「イ」と「ウ」で，その組合せは**3**である。

〔正 解〕　3

---------- 〔問〕21 --

計量士に関する次の記述の中から，誤っているものを一つ選べ。

  1　経済産業大臣は，計量士が特定計量器の検査の業務について不正の行為をしたときは，その登録を取り消し，又は1年以内の期間を定めて，計量士の名称の使用の停止を命ずることができる。

  2　計量士は，計量士登録証の記載事項に変更があったときは，遅滞なく，経済産業省令で定めるところにより，その住所又は勤務地を管轄する都道府県知事を経由して，経済産業大臣に申請し，計量士登録証の訂正を受けなければならない。

  3　国立研究開発法人産業技術総合研究所が行う計量法第166条第1項の教習の課程を修了した者は，経済産業省令で定める実務の経験その他の条件に適合する者であって，経済産業大臣が計量士国家試験の合格者と同等以

上の学識経験を有すると認めれば，計量士の登録を受けることができる。

4　計量士登録証の交付を受けた者は，その登録が取り消されたときは，遅滞なく，その住所又は勤務地を管轄する都道府県知事を経由して，当該計量士登録証を経済産業大臣に返納しなければならない。

5　計量法又は計量法に基づく命令の規定に違反して，罰金以上の刑に処せられ，その執行を終わり，又は執行を受けることがなくなった日から1年を経過しない者は，計量士として登録を受けることができない。

〔題意〕　計量士について，法第122条（登録），法第123条（登録の取消し等）および施行令第35条（計量士登録証の訂正）ならびに施行令第37条（計量士登録証の返納）等の関係政省令で定める制度の全般についての規定の理解度を問う問題。

〔解説〕　**1**は，法第123条で「経済産業大臣は，計量士が次の各号の一に該当するときは，その登録を取り消し，又は一年以内の期間を定めて，計量士の名称の使用の停止を命ずることができる。」と，同条第2号で「前号に規定する場合のほか，特定計量器の検査の業務について不正の行為をしたとき。」と定めており，**1**の記述内容は規定どおりで，正しい。

2は，施行令第35条で「計量士は，計量士登録証の記載事項に変更があったときは，遅滞なく，経済産業省令で定めるところにより，その住所又は勤務地を管轄する都道府県知事を経由して，経済産業大臣に申請し，計量士登録証の訂正を受けなければならない。」と定めており，**2**の記述内容は規定どおりで，正しい。

4は，施行令第37条で，「計量士登録証の交付を受けた者は，次の各号のいずれかに該当することとなったときは，遅滞なく，その住所又は勤務地を管轄する都道府県知事を経由して，当該計量士登録証（第二号の場合にあっては，発見し，又は回復した計量士登録証）を経済産業大臣に返納しなければならない。」と，同条第1号で「登録が取り消されたとき。」と定めており，**4**の記述内容は規定どおりで，正しい。

5は，法第122条第3項で「次の各号の一に該当する者は，第一項の規定による登録を受けることができない。」と，同項第1号で「この法律又はこの法律に基づく命令の規定に違反して，罰金以上の刑に処せられ，その執行を終わり，又は執行を受けることがなくなった日から一年を経過しない者」と定めており，**5**の記述内容は規定ど

おりで，正しい。

　3 は，法第 122 条第 2 項で「次の各号の一に該当する者は，経済産業省令で定める計量士の区分（以下単に「計量士の区分」という。）ごとに，氏名，生年月日その他経済産業省令で定める事項について，前項の規定による登録を受けて，計量士となることができる。」と，同条第 1 号で「計量士の国家試験に合格し，かつ，計量その区分に応じて経済産業省令で定める実務の経験その他の条件に適合する者」と，同条第 2 号で「国立研究開発法人産業技術総合研究所（以下「研究所」という。）が行う第百六十六条第一項の教習の課程を修了し，かつ，計量士の区分に応じて経済産業省令で定める実務の経験その他の条件に適合する者であって，計量行政審議会が前号に掲げる者と同等以上の学識経験を有すると認めた者」と定めており，**3** の「国立研究開発法人産業技術総合研究所が行う第 166 条第 1 項の教習の課程を修了した者は，経済産業省令で定める実務の経験その他の条件に適合する者であって，経済産業大臣が計量士国家試験の合格者と同等以上の学識経験を有すると認めれば，計量士の登録を受けることができる。」の記述術内容は，誤っている。

〔正 解〕　**3**

------ 問 22 ------

　適正計量管理事業所に関する次の記述の中から，誤っているものを一つ選べ。

　1　適正計量管理事業所の指定を受けた計量証明事業者がその指定に係る事業所において使用する特定計量器は，都道府県知事が行う計量証明検査を受けることを要しない。

　2　適正計量管理事業所の指定を受けた者がその指定に係る事業所において使用する特定計量器について，計量法第 49 条第 1 項ただし書の経済産業省令で定める修理をした場合において，その修理をした特定計量器の性能が経済産業省令で定める技術上の基準に適合し，かつ，その器差が経済産業省令で定める使用公差を超えないときは，その特定計量器の検定証印等を除去しなくてもよい。

　3　適正計量管理事業所の指定を受けた者は，当該適正計量管理事業所において，経済産業省令で定める様式の標識を掲げることができる。

4　経済産業大臣は，特定計量器を使用する事業所であって，適正な計量管理を行うものについて，適正計量管理事業所の指定を行う。

5　適正計量管理事業所の指定を受けた者がその指定に係る事業所において計量証明の事業を行う場合は，計量証明事業の登録を受けることを要しない。

〔題　意〕　適正計量管理事業所に関する法第127条（指定）および法第130条（標識）で定める制度の全般についての規定の理解度を問う問題。

〔解　説〕　**1**は，法第116条（計量証明検査）第1項で「計量証明事業者は，第百七条の登録を受けた日から特定計量器ごとに政令で定める期間ごとに，経済産業省令で定めるところにより，計量証明に使用する特定計量器（第十六条第一項の政令で定めるものを除く。）であって政令で定めるものについて，その登録をした都道府県知事が行う検査（以下「計量証明検査」という。）を受けなければならない。ただし，次に掲げる特定計量器については，この限りでない。」と，同条同項第2号で「第百二十七条第一項の指定を受けた計量証明事業者がその指定に係る事業所において使用する特定計量器（前号に掲げるものを除く。）」と定めており，**1**の記述内容は規定どおりで，正しい。

2は，法第49条（検定証印等の除去）第1項で「検定証印等，……（略）……付されている特定計量器の改造（第二条第五項の経済産業省令で定める改造に限る。次項において同じ。）又は修理をした者は，これらの検定証印等，合番号又は装置検査証印を除去しなければならない。ただし，届出製造事業者若しくは届出修理事業者が当該特定計量器について，又は第百二十七条第一項の指定を受けた者がその指定に係る事業所において使用する特定計量器について，経済産業省令で定める修理をした場合において，その修理をした特定計量器の性能が経済産業省令で定める技術上の基準に適合し，かつ，その器差が経済産業省令で定める使用公差を超えないときは，この限りでない。」と定めており，**2**の記述内容は規定どおりで，正しい。

3は，法第130条第1項で「第百二十七条第一項の指定を受けた者は，当該適正計量管理事業所において，経済産業省令で定める様式の標識を掲げることができる。」と定めており，**3**の記述内容は規定どおりで，正しい。

4は，法第127条第1項で「経済産業大臣は，特定計量器を使用する事業所であっ

て，適正な計量管理を行うものについて，適正計量管理事業所の指定を行う。」と定めており，**4** の記述内容は規定どおりで，正しい。

5 は，法第 107 条（計量証明の事業の登録）で「計量証明の事業であって次に掲げるものを行おうとする者は，経済産業省令で定める事業の区分（次条において単に「事業の区分」という。）に従い，その事業所ごとに，その所在地を管轄する都道府県知事の登録を受けなければならない。ただし，国若しくは地方公共団体又は独立行政法人通則法（平成十一年法律第百三号）第二条第一項に規定する独立行政法人であって当該計量証明の事業を適正に行う能力を有するものとして政令で定めるものが当該計量証明の事業を行う場合及び政令で定める法律の規定に基づきその業務を行うことについて登録，指定その他の処分を受けた者が当該業務として当該計量証明の事業を行う場合は，この限りでない。」と定められており，**5** の「適正計量管理事業所の指定を受けた者がその指定に係る事業所において計量証明の事業を行う場合は，計量証明事業の登録を受けることを要しない。」との記述は定められていないので，誤っている。

〔正 解〕 5

------ **問 23** ------

特定標準器及び計量法第 135 条第 1 項に規定する特定標準器による校正等に関する次の記述の中から，誤っているものを一つ選べ。

1　経済産業大臣は，計量器の標準となる特定の物象の状態の量を現示する計量器又はこれを現示する標準物質を製造するための器具，機械若しくは装置を指定する。

2　日本電気計器検定所は，特定標準器による校正等を行うことはできない。

3　指定校正機関は，特定標準器による校正等を行ったときは，経済産業省令で定める事項を記載し，経済産業省令で定める標章を付した証明書を交付する。

4　指定校正機関は，特定標準器による校正等を行うことを求められたときは，正当な理由がある場合を除き，特定標準器による校正等を行わなければならない。

5　指定校正機関の指定は，経済産業省令で定めるところにより，特定標準

器による校正等を行おうとする者の申請により，その業務の範囲を限って
行う。

〔題 意〕 特定標準器による校正等に関する法第 134 条（特定標準器等の指定）から
法第 138 条（指定の申請）に関する条文規定の語句の正誤についての問題。

〔解 説〕 **1** は，法第 134 条第 1 項で「経済産業大臣は，計量器の標準となる特定の
物象の状態の量を現示する計量器又はこれを現示する標準物質を製造するための器具，
機械若しくは装置を指定するものとする。」と定めており，**1** の記述内容は規定どおり
で，正しい。

3 は，法第 136 条（証明書の交付等）第 1 項で「経済産業大臣，日本電気計器検定所
又は指定校正機関は，特定標準器による校正等を行ったときは，経済産業省令で定め
る事項を記載し，経済産業省令で定める標章を付した証明書を交付するものとする。」
と定めており，**3** の記述内容は規定どおりで，正しい。

4 は，法第 137 条（特定標準器による校正等の義務）で「経済産業大臣，日本電気計
器検定所又は指定校正機関は，特定標準器による校正等を行うことを求められたとき
は，正当な理由がある場合を除き，特定標準器による校正等を行わなければならない。」
と定めており，**4** の記述内容は規定どおりで，正しい。

5 は，法第 138 条（指定の申請）で「第百三十五条第一項の指定は，経済産業省令で
定めるところにより，特定標準器による校正等を行おうとする者の申請により，その
業務の範囲を限って行う。」と定めており，**5** の記述内容は規定どおりで，正しい。

2 は，法第 135 条（特定標準器による校正等）第 1 項で「特定標準器若しくは前条第
2 項の規定による指定に係る計量器（以下「特定標準器等」という。）又は特定標準物質
を用いて行う計量器の校正又は標準物質の値付け（以下「特定標準器による校正等」と
いう。）は，経済産業大臣，日本電気計器検定所又は経済産業大臣が指定した者（以下
「指定校正機関」という。）が行う。」と定められており，**2** の「日本電気計器検定所は，
特定標準器による校正等を行うことができない。」との記述内容は，誤っている。

〔正 解〕 **2**

〔問〕24

計量法第 143 条第 1 項で定める計量器の校正等の事業を行う者の，登録の有

効期間として，正しいものを一つ選べ。

1 2年

2 3年

3 4年

4 5年

5 有効期間はない

[題 意] 特定標準器以外の計量器の校正等の事業の「登録の更新」の有効期間に関する問題。

[解 説] 法第144条の2（登録の更新）第1項で「第百四十三条第一項の登録は，三年を下らない政令で定める期間ごとにその更新を受けなければ，その期間の経過によって，その効力を失う。」と，また，施行令第38条の2（校正等の事業を行う者の登録の有効期間）で「法第百四十四条の二第一項の政令で定める期間は，四年とする。」と定めており，正しい登録の有効期間は**3**の4年である。

[正 解] 3

---- **[問] 25** ----

計量法の雑則及び罰則に関する次の記述の中から，正しいものを一つ選べ。

1 検定証印が付されている特定計量器であって，当該検定証印の有効期間を経過したものを取引又は証明における法定計量単位による計量に使用した者は，懲役若しくは罰金に処し，又はこれを併科する。

2 非法定計量単位による目盛又は表記を付した計量器を所有した者は，罰金に処する。

3 都道府県知事又は特定市町村の長は，この法律の施行に必要な限度において，指定定期検査機関又は指定計量証明検査機関に対し，その業務の状況に関しては報告させることができるが，経理の状況に関しては報告させることはできない。

4 経済産業大臣は，政令で定める特定計量器であって取引又は証明におけ

る法定計量単位による計量に使用されているものの性能が，経済産業省令で定める技術上の基準に適合していないと認める場合であっても，立入検査をしなければその特定計量器に付されている検定証印等を除去することができない。

5 計量法に基づいて立入検査を行うことができる者は，経済産業省，都道府県及び特定市町村の職員のみである。

(題 意) 計量法の雑則（第 147 条，第 148 条，第 154 条，第 168 条の 3）および罰則（法 172 条，法 173 条）に関する既定の理解度を問う問題。

(解 説) **2** は，法第 173 条で「次の各号のいずれかに該当する者は，50 万円以下の罰金に処する。」と，同条第 1 号で「（前略）…第九条第一項，…（中略）…の規定に違反した者」と，法第 9 条（非法定計量単位による目盛等を付した計量器）第 1 項で「第二条第一項第一号に掲げる物象の状態の量の計量に使用する計量器であって非法定計量単位による目盛又は表記を付したものは，販売し，又は販売の目的で陳列してはならない。第五条第二項の政令で定める計量単位による目盛又は表記を付した計量器であって，専ら同項の政令で定める特殊の計量に使用するものとして経済産業省令で定めるもの以外のものについても，同様とする。」と，同条第 2 項で「前項の規定は，輸出すべき計量器その他の政令で定める計量器については，適用しない。」と定めており，**2** の「非計量単位による目盛又は表記を付した計量器を所有した者は，罰金に処する。」の記述内容は定められていないので，誤っている。

3 は，法第 147 条（報告の徴収）第 3 項で「都道府県知事又は特定市町村の長は，この法律の施行に必要な限度において，指定定期検査機関又は指定計量証明検査機関に対し，その業務又は経理の状況に関し報告させることができる。」と定めており，**3** の「（前略）…，経理の状況に関しては報告させることはできない。」の記述内容は，誤っている。

4 は，法第 154 条（立入検査によらない検定証印等の除去）で「第百五十一条第一項に規定する場合のほか，経済産業大臣又は都道府県知事若しくは特定市町村の長は，政令で定める特定計量器であって取引又は証明における法定計量単位による計量に使用されているものが同項各号の一に該当するときは，その特定計量器に付されている検定証印等を除去することができる。」と，第 151 条（検定証印等の除去）第 1 項第 1

号で「その性能が経済産業省令で定める技術上の基準に適合しないこと。」と定めており，4の「経済産業大臣は，…（中略）…性能が，経済産業省令で定める技術上の基準に適合しないと認める場合であっても，立入検査をしなければその特定計量器に付されている検定証印等を除去することができない。」との記述内容は，誤っている。

5は，法第148条（立入検査）第1項で「経済産業大臣又は都道府県知事若しくは特定市町村の長は，…（中略）…，その職員に，…（中略）…に立ち入り，…（中略）…させることができる。」と，同条第2項で「経済産業大臣は，…（中略）…，その職員に，…（中略）…に立ち入り，…（中略）…させることができる。」と，同条第3項で「都道府県知事又は特定市町村の長は，…（中略）…，その職員に，…（中略）…に立ち入り，…（中略）…させることができる。」と，また，法第168条の3（研究所の行う立入検査）第1項で「経済産業大臣は，必要があると認めるときは，研究所に，第百四十八条第一項又は第二項の規定による立入検査を行わせることができる。」と定めており，5の「計量法に基づいて立入検査を行うことができる者は，経済産業省，都道府県及び特定市町村の職員のみである。」の記述内容は，誤っている。

1は，法第172条で「次の各号のいずれかに該当する者は，六月以下の懲役若しくは五十万円以下の罰金に処し，又はこれを併科する。」と，同条第1号で「第十六条（使用の制限）第一項から第三項まで，…（中略）…の規定に違反した者」と，また，法第16条（使用の制限）第1項で「次の各号の一に該当するもの（船舶の喫水により積載した貨物の質量の計量をする場合におけるその船舶及び政令で定める特定計量器を除く。）は，取引又は証明における法定計量単位による計量（第二条第一項第二号に掲げる物象の状態の量であって政令で定めるものの第六条の経済産業省令で定める計量単位による計量を含む。第十八条，第十九条第一項及び第百五十一条第一項において同じ。）に使用し，又は使用に供するために所持してはならない。」と，同条同項第3号で「第七十二条第二項の政令で定める特定計量器で同条第一項の検定証印又は第九十六条第一項の表示（以下「検定証印等」という。）が付されているものであって，検定証印等の有効期間を経過したもの」と定めており，**1**の記述は規定どおりで，正しい。

〔正 解〕 **1**

2. 計量管理概論

管理

2.1 第 68 回（平成 30 年 3 月実施）

---- 問 1 ----

計測管理の活動や進め方に関する次の記述の中から，誤っているものを一つ選べ。

1 計測管理は，計測活動の体系を管理する活動であり，測定の目的を明確にして実施することが重要である。

2 計測管理では，測定すべき対象とその特性を適切に選択し，測定の方針を示すことが重要である。

3 計測管理では，使用する測定器や測定方法の適切な選択が重要である。

4 測定結果をどのように利用するかをあらかじめ検討しておくことは，計測管理の役割である。

5 不都合な測定結果が得られたとき，そのデータを書き換えることも，計測管理の立場から必要である。

【題 意】 計測管理を進める場合の基本的な考え方と計測の役割について知識を問うもの。また，測定結果の事実を改ざんしたりすることのないことを改めて問うもの。

【解 説】 計測管理の活動を進める場合，重要なことは計測の活動を体系的にいかに効率よく行うかを考えることである。そこで，計測とは何であるかを考えてみると，まず，企業で測定の必要が生じた場合，それは何の目的のために行うかという測定の目的を明確にすることが重要である。その測定の目的に応じて，測定の対象となる特性を決め，測定の方針を示して，そして必要な精度を満足する測定器と測定方法を選定することになる。このように，計測のプロセスを適切に選ぶことで活動を効率的に

行うことが可能となる。また，測定結果をどのように利用するかを検討しておくことも重要なことである。一方，**5** の記述にあるようなデータの書き換えを行うことは，いかなる理由があってもやってはならないことである。測定結果がたとえ不都合な結果であったとしても，何故その結果が得られたかを考察することが管理をする上では大切なことである。よって，**5** は誤りである。

〔正　解〕 **5**

-------- 〔問〕**2** --------

　製造工程や検査で使用する測定器の管理に関する次の記述の中から，誤っているものを一つ選べ。

1　製造工程を測定器により監視しフィードバック制御を行う場合，監視用の測定器の示す値の誤差が大きいことは規格を外れた製品を作り出す原因になり得る。

2　製造工程を測定器により監視しフィードバック制御を行う場合，監視用の測定器の示す値の誤差を考慮して，工程の調整量を変更することがある。

3　検査用の測定器の示す値の誤差により適合品が不適合品と判断されることがあり，これは生産コストの増大の一つの要因となる。

4　検査用の測定器の示す値の誤差により不適合品が誤って適合品と判断されることは製品のユーザにとって不利益になるので，その測定器の校正は外部校正機関に依頼する必要がある。

5　製品の特性の設計値からのずれにより生じる社会的な経済的損失を損失関数として評価し，それを用いて測定器の管理方式を最適化するという考え方がある。

〔題　意〕　製造工程や検査で使用する測定器の誤差による影響および測定器の校正をどのように行うかについても問うもの。

〔解　説〕　製造工程の管理を測定によりフィードバック制御によって行う場合に，測定器の誤差が大きい場合には，誤差が原因で規格を外れた製品を作り出すことに当然なり得るので，**1** は正しい。また，測定器の示す値の誤差があらかじめ分かってい

る場合には，その誤差に相当する値を考慮して工程の調整量を変更することは，より目標値に近い製品を作りだすためには良い方法である。**2** は正しい。測定器の誤差の影響により適合品が不適合品と判断される可能性があり，これは無駄なコストになり生産コストの増大に繋がる。**3** は正しい。また，反対に測定器の誤差の影響で不適合品が適合品と判断されることもあり，この場合は製品のユーザにとって不利益になる。よって，工程の管理のために使用する測定器は，定期的な校正を行って誤差を所定の範囲内に抑えるための管理が必要である。定期的な校正には，その対象となる測定の精度を考慮してその方法を選ぶことができる。一般には測定器の校正を外部機関に依頼することが多いが，測定器の数量が多い場合などには，社内の上位標準を用いて内部校正することも一つの方法である。よって，**4** は誤りである。製品の特性値が設計値からずれて製造される場合，そのずれの大きさに応じて経済的損失が生じ，その評価には損失関数が用いられる。製品の特性がずれる原因の一つには，測定器の誤差やばらつきによるものが考えられるが，測定器の管理方式を最適化する方法として計測設計と言われる考え方がある。**5** は正しい。

〔正解〕**4**

---- 問 **3** ----

次の記述は「JIS Z 8103 計測用語」で規定されている用語の定義を示したものである。それぞれの定義に該当する用語の下の組合せの中から，正しいものを一つ選べ。

ア　測定値の大きさがそろっていないこと。また，ふぞろいの程度。

イ　突き止められない原因によって起こり，測定値のばらつきとなって現れる誤差。

ウ　測定結果の正確さと精密さを含めた，測定量の真の値との一致の度合い。

	ア	イ	ウ
1	かたより	系統誤差	正確度
2	ばらつき	偶然誤差	精度
3	かたより	系統誤差	精度
4	ばらつき	偶然誤差	正確度

5 ばらつき　系統誤差　精　度

━━

〔題 意〕　「JIS Z 8103 計測用語」で規定される測定値の誤差・精度に関する用語の定義について問うもの。

〔解 説〕　「JIS Z 8103 計測用語」による測定値の誤差・精度に関する用語の定義は以下の**表**のとおりである。

表　「JIS Z 8103 計測用語」による測定値の誤差・精度に関する用語の定義

用　語	定　義
かたより	測定値の母平均から真の値を引いた値
ばらつき	測定値の大きさがそろっていないこと。また，ふぞろいの程度 備考：ばらつきの大きさを表すには，例えば，標準偏差を用いる。
系統誤差	測定結果にかたよりを与える原因によって生じる誤差。
偶然誤差	突き止められない原因によって起こり，測定値のばらつきとなって現れる誤差。
正確さ	かたよりの小さい程度。 備考：推定したかたよりの限界の値で表した値を正確度，その真の値に対する比を正確率という。
精密さ，精密度	ばらつきの小さい程度。
精　度	測定結果の正確さと精密さを含めた，測定量の真の値との一致の度合い。 参考：JIS Z 8101-2（統計 − 用語と記号 − 第2部：統計的品質管理用語）では精確さ，総合精度という。

〔正 解〕　2

━━━━━━━ **〔問〕4** ━━━━━━━━━━━━━━━━━━━━━━━━━━━━

国際単位系（SI）で規定されている基本量に対応する基本単位として誤っているものを，次の中から一つ選べ。

　　　　基本量　　　　　基本単位

1　質量　　　　　kg（キログラム）

2　熱力学温度　　K（ケルビン）

3　電流　　　　　A（アンペア）

4　光度　　　　　lx（ルクス）

5　物質量　　　　mol（モル）

［題 意］　国際単位系（SI）の基本単位に関する問題である。

［解 説］　国際単位系（SI）で規定されている基本量の基本単位は下表のとおりである。

表　SI基本単位

基本量	SI基本単位	
	名　称	記　号
長　さ	メートル	m
質　量	キログラム	kg
時　間	秒	s
電　流	アンペア	A
熱力学温度	ケルビン	K
物質量	モル	mol
光　度	カンデラ	Cd

光度の単位はCd（カンデラ）である。

［正 解］　4

------ **問** 5 ------

次の文章は測定の不確かさの評価方法について述べたものである。空欄（　ア　）～（　エ　）に入る語句又は式の組合せとして正しいものを，下の中から一つ選べ。

測定の不確かさの評価において，（　ア　）で表した不確かさである標準不確かさの合成には，不確かさの伝ぱ則が用いられる。まず，測定の数学的モデルにおいて，測定量 y が依存する n 個の入力量 $x_i\,(i=1,2,\cdots,n)$ のそれぞれについて標準不確かさ $u(x_i)$ を求める。次に，不確かさの伝ぱ則に従って，各入力量の標準不確かさ $u(x_i)$ の重みとなる感度係数 c_i を用いて，測定量 y の標準不確かさ $u(y)$ を（　イ　）として計算する。ただし，入力量の間の相関はないものとする。このようにして求めた不確かさは（　ウ　）と呼ばれる。また，代表的には2～3の範囲にある包含係数を（　ウ　）に乗じて（　エ　）を求めるこ

とができる。測定結果に付記される不確かさには（　ウ　）又は（　エ　）が用いられる。

	（ア）	（イ）	（ウ）	（エ）
1	分散	$u(y) = \sqrt{\sum_{i=1}^{n} c_i^2 u^2(x_i)}$	絶対標準不確かさ	拡張不確かさ
2	分散	$u(y) = \sum_{i=1}^{n} c_i u(x_i)$	合成標準不確かさ	拡張不確かさ
3	標準偏差	$u(y) = \sum_{i=1}^{n} c_i u(x_i)$	合成標準不確かさ	合成不確かさ
4	標準偏差	$u(y) = \sum_{i=1}^{n} |c_i| u(x_i)$	絶対標準不確かさ	絶対不確かさ
5	標準偏差	$u(y) = \sqrt{\sum_{i=1}^{n} c_i^2 u^2(x_i)}$	合成標準不確かさ	拡張不確かさ

[題 意]　不確かさ評価において，合成標準不確かさの求め方および拡張不確かさの表記について問うもの。

[解 説]　「測定における不確かさの表現のガイド（TS Z 0033）」で，測定の不確かさとは測定の結果に付随した，合理的に測定対象量に結びつけられ得る値のばらつきを特徴付けるパラメータと定義している。この測定の結果のばらつきは標準偏差で表し，これを標準不確かさという。測定結果をいくつかのほかの量によって求めるときには，各量の不確かさを合成して求め，これを合成標準不確かさという。この合成には不確かさの伝ぱ則が用いられる。つまり，2乗和の平方根として求められる。まず，測定の数学的モデルにおいて，測定量 y が依存する n 個の入力量 x_i（$i = 1, 2, ..., n$）のそれぞれについて標準不確かさ $u(x_i)$ を求める。測定量 y の合成不確かさ $u_c(y)$ は，不確かさの伝ぱ則に従って，次式で示す合成分散 $u_c^2(y)$ の正の平方根である。

$$u_c^2(y) = \sum_{i=1}^{n} \left(\frac{\partial f}{\partial x_i} \right)^2 u^2(x_i)$$

ここで，微分係数 $\partial f / \partial x_i$ は，感度係数と呼ばれるもので，出力推定値 y が入力推定値 $x_1, x_2, ..., x_n$ のそれぞれの値の変化に伴ってどのように変化するかを示す係数である。感度係数を c_i とすれば，測定量 y の標準不確かさの合成分散 $u_2(y)$ は以下の式で計算できる。

$$u_c^2(y) = \sum_{i=1}^{n} c_i^2 u^2(x_i)$$

よって，測定量 y の合成標準不確かさは

$$u(y) = \sqrt{\sum_{i=1}^{n} c_i^2 u^2(x_i)}$$

として計算できる。そして，この合成標準不確かさに包含係数 k を乗じて拡張不確かさを求め測定結果に付記される。

[正 解] 5

--------- [問] 6 ---------

確率及び統計に関わる用語の説明として，次の記述の中から誤っているものを一つ選べ。

1 確率変数 X からその期待値を引いた変数の2乗の期待値を，分散という。

2 分散の非負の平方根を，標準偏差という。

3 2次元の確率変数 (X, Y) について，それぞれの平均からの偏差の積の期待値を，共分散という。

4 平均が0で，標準偏差が1の正規分布を，一様分布という。

5 連続分布の場合，確率密度関数が局所的に最大値をとる確率変数の値を，モードという。

[題 意] 統計量の平均値に関する基本的な問題である。

[解 説] 連続型確率変数 X の場合，期待値は以下のとおり積分に寄って計算できる。

$$E(X) = \int_{-\infty}^{\infty} x f(x)\, dx$$

上記の式で計算される値は，対象となる母集団の平均 μ を表している。平均値は（相加平均の場合）観測値全体の和を観測度数で割った値を指すが，期待値は1回の観測で期待される値のことを指す。つまり，確率変数における期待値とは，1回試行したときの平均値である。また，確率変数 X からその期待値（平均値）を引いた変数の2乗は分散になり以下の式で表される。**1** は正しい。

$$E(V) = \int_{-\infty}^{\infty} (x-\mu)^2 dx$$

また標準偏差は分散の正の平方根で計算したものである。**2** は正しい。

二つの確率変数 X, Y があり，それぞれの期待値が $E(X) = \mu_x$, $E(Y) = \mu_y$ のとき，$E[(X-\mu_x)(Y-\mu_y)]$ を共分散と呼ぶ。**3** は正しい。

正規分布の中で特に「平均 $\mu = 0$，標準偏差 $\sigma = 1$」である正規分布を「標準正規分布」という。**4** は誤り。また，一様分布とは，確率変数 X がどのような値でも，そのときの確率密度関数 $f(x)$ が一定の値をとる分布のことを連続一様分布という。

連続分布の場合，確率密度関数が局所的に最大値をとる確率変数の値を最頻値という。最頻値はモードとも呼ばれ，データ群や確率分布で最も頻繁に出現する値である。**5** は正しい。

〔正 解〕 **4**

-------- 問 **7** --

m 個の確率変数 $x_1, x_2, \cdots, x_m$ と n 個の確率変数 $y_1, y_2, \cdots\cdots, y_n$ が同一の正規分布 $N(\mu, \sigma^2)$ に従うとする。ただし，$N(\mu, \sigma^2)$ は平均 μ，分散 σ^2 の正規分布を意味する。ここで，以下の変数を定義する。

$$\overline{x} = \frac{\sum_{i=1}^{m} x_i}{m}, \quad \overline{y} = \frac{\sum_{i=1}^{n} y_i}{m}, \quad z = \frac{\overline{x} - \mu}{\sqrt{\sigma^2/m}},$$

$$c_x = \frac{\sum_{i=1}^{m} (x_i - \overline{x})^2}{\sigma^2}, \quad c_y = \frac{\sum_{i=1}^{n} (y_i - \overline{y})^2}{\sigma^2},$$

$$d = \frac{\overline{y} - \overline{x}}{\sqrt{\sigma^2 (1/m + 1/n)}}, \quad h = \frac{c_x/(m-1)}{c_y/(n-1)}$$

これらの変数の分布に関する次の記述の中から，誤っているものを一つ選べ。ただし，$m+n$ 個の変数 $x_1, \cdots, x_m, y_1, \cdots, y_n$ は互いに独立であるとする。

1 $\overline{x}$ が従う分布は正規分布である。

2 z が従う分布は標準正規分布である。

3 c_x が従う分布は χ^2（カイ二乗）分布である。

4　d が従う分布は t 分布である。

5　h が従う分布は F 分布である。

［題　意］　確率変数が正規分布に従うときの各分布に関する知識を問うもの。

［解　説］　確率変数 x_i が正規分布に従うとき，m 個の確率変数 x_i の平均値 $\bar{x}$ もまた正規分布に従うことになる。**1** は正しい。

確率変数 X が平均値 μ，分散 σ^2 の正規分布 $N(\mu, \sigma^2)$ に従うとき，z を以下のように定義する

$$z = \frac{X - \mu}{\sigma}$$

このとき，z は標準正規分布 $N(0, 1^2)$ に従う。つまり，設問の正規分布 $N(\mu, \sigma^2)$ の母集団から m 個のサンプルをとり，その平均値を $\bar{x}$ とするとき，次の統計量

$$z = \frac{\bar{x} - \mu}{\sqrt{\sigma^2/m}}$$

は確率変数の平均値 $\bar{x}$ とその標準偏差である $\sqrt{\sigma^2/m}$ は標準正規分布 $N(0, 1^2)$ に従うということになる。選択肢 **2** は正しい。

正規分布や t 分布が母平均や標本平均が従う分布に対し，χ^2 分布は，標本分散の2乗が従う分布である。χ^2 分布検定は基準とするばらつき σ が既知の場合に，χ^2 分布表を用いてばらつきの検定を行うことができる。その定義式は，分母は基準となるばらつき（分散 σ^2）に対し分子は偏差平方和 S との比を χ^2 分布として取り扱い，以下の定義となる。

$$c_x = \frac{\sum_{i=1}^{m}(x_i - \bar{x})^2}{\sigma^2}\text{ は自由度 }m-1\text{ の }\chi^2\text{ 分布に従う。}$$

3 は正しい。

設問の d 式は確率変数 x_i と確率変数 y_i の平均値に差があるかどうかを検定する式であるが，d 式中の分母に σ^2 があるが，t 分布では母分散が未知の場合に適用する分布である。よって，**4** は誤り。

F 分布は標準正規分布に従う2つの母集団からそれぞれ算出した値の比が従う分布である。F 分布は2つの標本が等分散であるかどうかを確認するために使われる。F 分布の定義は

$F = \dfrac{x_1^2/\phi_1}{x_2^2/\phi_2}$ に従う分布を自由度 (ϕ_1, ϕ_2) の F 分布と呼び $F(\phi_1, \phi_2)$ と記す。

つまり，設問に定義される c_x, c_y は確率変数 x_i と y_i の χ^2 であり，$m-1$ と $n-1$ は それぞれの自由度になるから定義式 h は F 分布になる。**5** は正しい。

(正 解) **4**

---- 問 8 --

n 個のデータの組 (x_i, y_i) $(i=1, 2, \cdots, n)$ がある。x_i と y_i の間の標本相関係数 は，それらの間の標本共分散を x_i と y_i のそれぞれの標本標準偏差の積で除した ものである。今，x_i と y_i について，以下の計算結果が得られているとき，x_i と y_i の間の標本相関係数の値として正しいものを，下の数値の中から一つ選べ。

ただし，$\overline{x}$, $\overline{y}$ は，それぞれ x_i, y_i の標本平均である。

$$x_i \text{ の標本分散}: \frac{1}{n-1}\sum_{i=1}^{n}(x_i-\overline{x})^2 = 0.25$$

$$y_i \text{ の標本分散}: \frac{1}{n-1}\sum_{i=1}^{n}(y_i-\overline{y})^2 = 1.00$$

$$\text{標本共分散}: \frac{1}{n-1}\sum_{i=1}^{n}(x_i-\overline{x})(y_i-\overline{y}) = 0.15$$

1 0.15

2 0.25

3 0.30

4 0.60

5 1.00

(題 意) 標本相関係数を求める方法に関する問題。

(解 説) 相関係数とは，2 変数 x_i と y_i の間の直線関係があるかないかを示す統計 的指標で，単位はなく，-1 から 1 の間の数値をとる。設問は n 個のデータの組 (x_i, y_i) $(i=1, 2, \cdots, n)$ における x_i と y_i の間の標本相関係数を求めるものである。標本相関 係数 r は x と y の共分散を x の標準偏差と y の標準偏差の積で割った値である。計算 式は以下のとおりである。

$$r = \frac{s_{xy}}{s_x s_y}$$

$$= \frac{\dfrac{1}{n-1} \sum_{i=1}^{n} (x_i - \overline{x})(y_i - \overline{y})}{\sqrt{\dfrac{1}{n-1} \sum_{i=1}^{n} (x_i - \overline{x})^2} \times \sqrt{\dfrac{1}{n-1} \sum_{i=1}^{n} (y_i - \overline{y})^2}}$$

設問により x_i と y_i の標本分散の計算値から相関係数は以下のように計算できる。

$$r = \frac{0.15}{\sqrt{0.25} \times \sqrt{1.00}} = \frac{0.15}{0.5} = 0.30$$

[正 解] **3**

[問] 9

数値の集合 A と B がある。B の要素の数は A の要素の数の 4 倍である。各集合の平均は，A，B 共に 0.0 であり，分散は，A が 4.0，B が 9.0 である。これらの集合をまとめて一つの集合 C を作った。このとき，集合 C の分散の値として正しいものを，次の中から一つ選べ。

ただし，ここでは n 個の数値 x_i の分散は，x_i の平均を m として，$\sum_{i=1}^{n} (x_i - m)^2 / n$ で計算するものとする。

1 5.0

2 6.0

3 6.5

4 7.0

5 8.0

[題 意] 集合と要素に関する知識を問うもの。

[解 説] 集合とはグループを表し，要素とはそのグループの条件を満たすデータになる。

設問から，B の要素の数は A の要素の数の 4 倍，分散は A が 4.0，B が 9.0 ということがわかっている。この二つの集合をまとめたときの分散を求める問題である。

今，A の要素の数を n 個とすると，B の要素の数は $4n$ 個となる。各集合の 2 乗和は

Aの集合の2乗和 ＝ 分散 $\times n = 4.0 \times n = 4.0n$

Bの集合の2乗和 ＝ 分散 $\times 4n = 9.0 \times 4n = 36.0n$

AとBのまとめた集合の2乗和 ＝ $4.0n + 36.0n = 40.0n$

となる。このとき，AとBをまとめた集合の要素の数は

$4n + 1n = 5n$ である。よって，まとめた集合の分散は2乗和を要素の数で除して計算できるから

$$\frac{40.0n}{5n} = 8.0 \text{となる。}$$

[正 解] 5

-------- 問 10 --

　ある化学薬品メーカーに測定を担当する4人の測定者がいる。測定者によって測定値に系統的な違いがあるかどうかを調べるため，測定者を因子Aとして取り上げた実験を行った。実験では，同一装置を用いて同じ試料を，それぞれの測定者が5回繰り返して測定した。これにより得られたデータ y_{ij}（$i = 1, 2, \cdots,$ $4 ; j = 1, 2, \cdots, 5$）を分散分析して，次の表に整理した。このとき，測定者間の差を表す平方和 S_A は 6.00，繰り返し誤差の平方和 S_e は 8.00 であった。自由度 f_A, f_e, 及び分散比 F の値の組合せとして正しいものを，下の中から一つ選べ。

表　分散分析表

要　　因	平方和	自由度	平均平方 （分散）	分散比
A：測定者	$S_A \ (= 6.00)$	f_A	V_A	F
e：繰り返し誤差	$S_e \ (= 8.00)$	f_e	V_e	
合計	S_T	f_T		

	f_A	f_e	F
1	3	4	1.00
2	3	16	0.25
3	3	16	4.00
4	4	5	0.94

5 4   20   3.75

[題 意] 一元配置繰り返しありの分散分析表の作成方法について問うもの。

[解 説] 一元配置繰り返しありの分散分析表を下記に示す。設問により,因子 A は 4 人の測定者としたので水準数は 4 である。また,繰り返し数は 5 回である。計算の結果,測定者間の差を表す平方和 S_A は 6.00,繰り返し誤差の平方和 S_e は 8.00 とある。

設問の実験は測定者 4 人が 5 回の繰り返し測定を行ったので,全データ数は $4 \times 5 = 20$ である。因子の自由度は水準数から 1 を引いた数になるので,因子 A の自由度は

$$f_A = a - 1 = 4 - 1 = 3$$

となる。繰返し誤差の自由度は,全体の自由度から因子 A の自由度を引けばよい。全体の自由度 f_T は

$f_T = 20 - 1 = 19$ である。よって,繰り返し誤差の自由度は

$f_e = 19 - 3 = 16$

である。

分散比 F は因子 A の平均平方(分散)V_A を繰り返し誤差の平均平方(分散)V_e で割った値であるから,それぞれの分散を計算すると,

因子 A の分散 $V_A = S_A / f_A = 6.00 / 3 = 2.00$

繰返し誤差の分散 $V_e = S_e / f_e = 8.00 / 16 = 0.50$

分散比:$V_A / V_e = 2.00 / 0.5 = 4.00$

となる。

[正 解] 3

-------- **[問] 11** --

測定標準とトレーサビリティに関する次の記述の中から,誤っているものを一つ選べ。

1   測定結果に普遍性を与えるために取り決めた基準として用いる量の大きさを表す測定システム,実量器,または標準物質のことを測定標準という。

　2　標準物質は，測定装置の校正，測定方法の妥当性評価，及び測定試料への値の付与などに使用されている。

　3　測定方法によって定義される工業的に有用な量である工業量に対しては，国家標準にトレーサブルな測定標準を設定できない。

　4　トレーサビリティの確保の意義の一つは，測定結果の国内的及び国際的な普遍性を得ることである。

　5　測定結果の誤差には，トレーサビリティが確保された校正を行っても取り除けない誤差が含まれている。

　(題 意)　トレーサビリティの関する用語およびトレーサビリティ確保についての問題。

　(解 説)　「国際計量計測用語 ― 基本及び一般概念並びに関連用語（VIM）TS Z0032」で定義される測定標準とは，「何らかの計量参照として用いるための，表記された量の値及び付随する測定不確かさをもつ，量の定義の具現化」とあり，"量の具現化"は測定システム，実量器または標準物質によって与えることができるものである。**1** は正しい。

　標準物質とは「指定された性質に関して十分に均質，かつ，安定であり，測定又は名義的性質の検査において，意図する用途に適していることが立証されている物質」と定義されている。よって，測定装置の校正，測定方法の妥当性評価，及び測定試料への値付与などに使用することができる。**2** は正しい。

　工業量とは，「複数の物理的性質に関係する量で，測定方法によって定義される工業的に有用な量」で，硬さ，表面粗さなどがある。これらの工業量についても国家標準にトレーサブルな測定標準は設定できる。例えば，硬さであれば硬さ標準片，粗さであれば校正用表面性状標準片が測定標準として用いられる。**3** は誤り。

　トレーサビリティの確保の意義には，測定結果の普遍性を得ること，ワンストップテスティングの実現などが挙げられている。**4** は正しい。

　測定誤差にはおもに系統誤差と偶然誤差があるが，校正によって除けるのは系統誤差であって偶然誤差と言われる測定器が有する不安定性によるばらつきについては，校正を行っても除くことはできない。**5** は正しい。

[正 解] 3

-------- [問] 12 --------

測定のトレーサビリティに関する次の記述の中から，誤っているものを一つ選べ。

1 国家標準にトレーサブルな測定結果を得るためには，トレーサビリティが確保され適切に管理された測定器を正しく使用する必要がある。

2 「JIS Z 8103 計測用語」のトレーサビリティの定義における「切れ目のない比較の連鎖」の中の「比較」とは，測定器や標準の校正を意味する。

3 ある測定結果に不確かさが表記されていれば，この測定結果は国家標準にトレーサブルであるといえる。

4 トレーサビリティが確保された測定器を使用しても，その測定値のばらつきはゼロにはならない。

5 標準を用いて測定器を校正するとき，その校正結果の不確かさには，標準の値の不確かさと校正作業に付随する不確かさが含まれる。

[題 意] トレーサビリティに関する内容と不確かさに関する知識を問うもの。

[解 説] 測定した結果がトレーサビリティのとれたものにするためには，測定に使用する測定器をトレーサビリティのとれた上位の標準で校正して，適切な管理をしておく必要がある。**1**は正しい。

「JIS Z 8103 計測用語」で定義されているトレーサビリティの定義における「切れ目のない比較の連鎖」の中の比較とは校正を行うことを意味している。**2**は正しい。

国家標準にトレーサブルであるということは，国家標準にトレーサブルな測定標準で校正され，その校正について不確かさが表記されていることである。単に測定結果に不確かさが表記してあっても，その不確かさを評価する際に用いる標準がトレーサビリティのとれたものであることが必要である。**3**は誤り。

測定によって生じる誤差には，系統誤差と偶然誤差がある。系統誤差はかたよりであり，偶然誤差はばらつきによるものである。測定器を校正するとかたより成分を求めることができ，この成分を補正することでかたより成分の誤差を除くことができる。

一方，ばらつき成分の誤差は校正を行っても除くことのできない誤差である。このばらつき成分は不確かさとして評価され，測定結果に付記されるものである。よって，トレーサビリティのとれた測定標準で校正を行ったとしても，測定器のばらつきは除くことはできない。**4** は正しい。

測定器の校正したときの不確かさの中には，校正に用いた標準の値の不確かさ，校正作業による不確かさ，環境変化による不確かさなどが生じる。**5** は正しい。

〔正 解〕 **3**

──── 〔問〕 **13** ────────────────────────

測定器の校正の意義と役割に関する次の記述の中から，誤っているものを一つ選べ。

1 校正では，校正に用いる標準の選択，校正式や校正手順などの校正方法の決定，校正間隔の決定などを含めた，総合的な取り組みが重要である。

2 校正の目的は，標準の値と測定器の指示値を比較することを通じて，正確な測定値を得ること，あるいは測定値の信頼性を定量的に把握することにある。

3 一般に，定期的校正は，測定器において経時的に生じる系統誤差を小さくするために実施する。

4 標準の値と測定器の指示値との間の対応を表す曲線を校正曲線といい，化学分析ではそれを検量線という。

5 測定器を一度校正すれば，測定環境の変化等の影響による測定器の指示値の狂いは発生しないので，再度の校正は必要ない。

─────────────────────────────────

〔題 意〕 校正を行う意義と役割に関する知識を問うもの。

〔解 説〕 測定器を導入する際には，その導入先で使用する状況に合わせて，測定器の校正方式を定め，その方式に従って管理することが重要である。校正方式の内容は，校正に用いる標準の選択，校正範囲と校正点の決定，校正式，校正方法，校正間隔などの決定を行い効率のよい管理を行うことが重要である。**1** は正しい。

校正を行う目的は，測定の誤差を小さくすることが第 1 の目的である。また，校正

することによって測定器の不確かさを得て，その測定器による測定結果の信頼性を定量的に把握することができる。**2**は正しい。

測定器を定期的に校正するのは，測定器は基本的に時間の経過とともに変化していくものだからである。また，測定環境の変化等の影響によって測定器の指示値は狂っていくものである。したがって，測定器の校正は定期的に行う必要がある。**3**は正しいが，**5**は誤り。

校正とは，「計器又は測定系の示す値，若しくは実量器又は標準物質の表す値と，標準によって実現される値との関係を確定する一連の作業」であるが，この関係を確定する方法に校正式が含まれる。校正式を図にしたものが校正曲線である。化学分析では検量線と言われる。**4**は正しい

〔正解〕 **5**

---- 問 14 ----

風速を電圧に変換することが可能な風速センサについて，風速を4 m/s，及び10 m/sに設定した風洞中でセンサ出力をそれぞれ3回求めたところ，下表の結果を得た。このセンサをある風速の気流中においたところ，514 mVの出力電圧が得られた。この気流の風速の値として最も適切なものを，下の中から一つ選べ。

ただし，風洞による風速設定値の精度は十分に高く，またこのセンサは風速が4 m/s ~ 10 m/sの範囲で良好な直線性を有するものとする。

表 風速に対するセンサの出力電圧のデータ

風洞の風速設定値	センサの出力電圧			
	1回目	2回目	3回目	平均
4 m/s	333 mV	335 mV	334 mV	334 mV
10 m/s	785 mV	786 mV	781 mV	784 mV

1 5.8 m/s

2 6.0 m/s

3 6.2 m/s

4 6.4 m/s

5　6.6 m／s

〔題 意〕　測定量とセンサ出力値から回帰式を求め，出力値から測定量を推定する問題。

〔解 説〕　設問の測定結果から風速設定値とセンサの出力電圧の関係を**図**に示す。

図より，風速設定値を x，出力電圧を y として一次回帰式を想定すると

$$y = \alpha + \beta x$$

となる。感度 β は風速設定値の範囲に対する出力電圧の変化の大きさから求める。

$$\beta = \frac{(784 - 334)}{(10 - 4)} = \frac{450}{6} = 75$$

となる。一方，切片 α は風速設定値がゼロのときの出力電圧（mV）であるので

$$334 = \alpha + 75 \times 4$$

を解けばよい。つまり

$$\alpha = 334 - 75 \times 4 = 34$$

となる。したがって，一次回帰式は

$$y = 34 + 75 \times x$$

図　風速設定値とセンサの出力電圧の関係

となる。設問のセンサの出力電圧（$y = 514$ mV）から，そのときの風速を求めるには，上記の一次式から風速 x を求める校正式に変換して計算すると

$$x = \frac{y - 34}{75} = \frac{514 - 34}{75} = \frac{480}{75} = 6.4$$

となる。

〔正 解〕　**4**

------ **問 15** ------

測定の SN 比に関する次の記述の中から，誤っているものを一つ選べ。

1　測定の SN 比は，値の異なる測定対象を測定したとき，測定器の読みと測定対象量の値との間の対応の良否を評価する指標である。

2　測定の SN 比は，測定対象量の値に対する測定器の感度係数 β の 2 乗と，

読みの誤差分散 σ^2 の比として，β^2/σ^2 で表わす。

3 測定の SN 比を用いて，2台の測定器の優劣を比較したとき，SN 比が小さい測定器の方が，校正後の測定誤差は小さい。

4 2台の測定器の読みの単位が異なっていても，同じ測定対象量を測定して，測定の SN 比を求めれば，測定器の校正後の測定誤差の大きさが比較できる。

5 測定条件を決定するときに，測定の SN 比を比較することにより，複数の測定条件の中から最適な測定条件を選択することができる。

(題意) 測定の SN 比の内容と特徴について理解を問うもの。

(解説) 測定の SN 比とは，通常は値の異なる標準を測定したとき，測定器の読みと標準の値との間の関係式を求め，その一致性から対応の良否を評価する指標である。**1** は正しい。

上記の測定対象量とする標準の値に対する測定器の感度係数 β の2乗と，読みの誤差分散 σ^2 の比とした測定の SN 比 η は

$$\eta = \frac{\beta^2}{\sigma^2}$$

で表される。**2** は正しい。

上記の測定の SN 比 η の式からわかるように，誤差分散 σ^2 は小さく感度係数 β^2 が大きいほうが優れた測定となるので，測定の SN 比の大きいほうが測定誤差は小さくなる。**3** は誤り。

測定の SN 比は，感度係数と誤差分散との比で表したものであるため単位はない。よって，2台の測定器の読みの単位が異なっていても，同じ測定対象量を測定して，求めた SN 比でそれぞれの測定器の測定誤差の大きさの比較ができる。**4** は正しい。

測定器の誤差評価をいくつかの測定条件から決定する場合にはそれぞれで評価した測定の SN 比の大きさから容易に選択することが可能となる。**5** は正しい。

(正解) 3

----- 問 16 -----

次の文章は，SN 比を用いた測定システムの改善の手順の一部を示したものである。空欄（　ア　）～（　ウ　）に入る語句の組合せとして正しいものを，下の中から一つ選べ。

ある測定システムのばらつきを低減したい。制御可能な三つの因子 A，B，C を選定してそれぞれ 2 水準とし，直交表 L_4 を用いて実験を行ったところ，下図のような SN 比の要因効果図（図中の数値は各水準での SN 比の平均値を示す）が得られた。ここで，実験全体の SN 比の平均値は，図に示すように 5 db であった。また，因子間の交互作用が十分小さいことは事前に確認できている。

システムとして最適な条件は，SN 比が最も（　ア　）なるような水準を選択し，因子 A は A2，因子 B は（　イ　），因子 C は C2 となる。また，最適条件の SN 比は（　ウ　）と推定される。現行条件での SN 比は 2db であったので，現行条件に比べ，測定ばらつきを約 1/3 に低減できる見込みが得られる。ここで，SN 比の推定値は，各水準における SN 比と全体の平均値との差分を，全体の平均値に加えたものである。

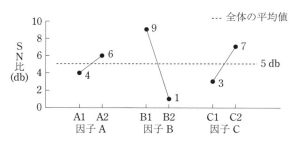

	（ア）	（イ）	（ウ）
1	小さく	B1	8 db
2	小さく	B2	8 db
3	大きく	B1	12 db
4	大きく	B2	12 db
5	大きく	B1	22 db

2.1 第 68 回（平成 30 年 3 月実施） *123*

[題 意] 直交表 L_4 を利用したパラメータ設計の実験についての設問。

[解 説] 直交表 L_4 を利用した実験では，下の**表**に示すように，因子を列の A ～ C の 3 個，水準は 2 水準の設定が可能である。

表　直交表 L_4

行＼列	1 A	2 B	3 C
1	1	1	1
2	1	2	2
3	1	3	3
4	2	1	2

　設問は，測定システムの制御条件 A ～ C を取り上げ，実験結果から得た要因効果図の解釈と最適条件となる組合せの SN 比を推定する問題である。

　測定システムとして最適条件は，SN 比が最も大きくなるような水準を選択することになる。よって，因子 A は A2，因子 B は B1，因子 C は C2 となる。

　また，最適条件の SN 比 $\eta_{(最適)}$ は，各因子の最も SN 比の高い水準の A2，B1，C2 の条件での SN 比から全体の平均値 5 db を引いて求めた利得分の和に平均値 5 db を足して求めると

$$\eta_{(最適)} = (6-5) + (9-5) + (7-5) + 5 = 12 \,\text{db}$$

となる。また，利得は，現行条件の SN 比 2 db であるから

$$12 - 2 = 10 \,\text{db}$$

となり，真数で表すと

$$10^{\frac{10}{10}} = 10$$

となり，誤差分散で 10 倍の改善となる。つまり，ばらつき（標準偏差）にすると約 1/3 に低減できることになる。

[正 解] 3

------ **[問] 17** ------

　前向き制御要素 $G(s)$，フィードバック制御要素 $H(s)$ をネガティブフィードバック結合した自動制御系がある。この自動制御系をまとめて一つのブロックに等価変換した場合の伝達関数として正しいものを，次の中から一つ選べ。た

だし，$G(s)$, $H(s)$ は制御要素の伝達関数を表し，s はラプラス変換に関わるラプラス変数を意味する。

1 　 $G(s) \cdot H(s)$

2 　 $G(s) + H(s)$

3 　 $\dfrac{G(s)}{1 + G(s) \cdot H(s)}$

4 　 $\dfrac{G(s)}{1 + H(s)}$

5 　 $\dfrac{G(s) \cdot H(s)}{1 + G(s) \cdot H(s)}$

〔**題 意**〕　自動制御における二つの制御要素を一つのブロックに等価変換する知識を問うもの。

〔**解 説**〕　設問により，前向き制御要素 $G(s)$ にフィードバック制御要素 $H(s)$ をネガティブフィードバック結合した自動制御は**図1**のブロック線図となる。

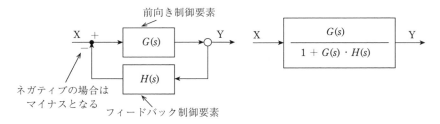

図1　二つの制御要素で表したブロック線図　　図2　一つのブロックに等価変換した場合

図1を一つのブロックに等価変換した場合の伝達関数は**図2**のようになる。

〔**正 解**〕　**3**

 〔問〕**18**

0 V 〜 1 V のアナログ信号を AD 変換し，0.000 V から 1.000 V までの 0.001 V 刻みの数値として表示したい。このときに用いる AD 変換器に必要な最小のビット数として正しいものを，次の中から一つ選べ。

　1　3ビット

2　4ビット

3　6ビット

4　8ビット

5　10ビット

［題 意］ AD変換器のビット数と分解能の関係を問うもの。

［解 説］ 0V〜1Vのアナログ信号をAD変換し，0.000Vから1.000Vまで0.001V刻みの数値として表示するには，1/1000の分解能を有するAD変換器が必要である。1000の数値を2進数に変換して，そのときのビット数を求めればよい。

10進数を2進数に変換するには，10進数の数を2で割ってその整数部をとり，それをまた2で割っていく。余りがある場合は1を立てる。余りがない場合は0とする。以下にその方法を示す。

$1\,000 \div 2 = 500 \cdots\cdots$ 余り0

$500 \div 2 = 250 \cdots\cdots$ 余り0

$250 \div 2 = 125 \cdots\cdots$ 余り0

$125 \div 2 = 62 \cdots\cdots$ 余り1

$62 \div 2 = 31 \cdots\cdots$ 余り0

$31 \div 2 = 15 \cdots\cdots$ 余り1

$15 \div 2 = 7 \cdots\cdots$ 余り1

$7 \div 2 = 3 \cdots\cdots$ 余り1

$3 \div 2 = 1 \cdots\cdots$ 余り1

$1 \div 2 = 0 \cdots\cdots$ 余り1

以上のように順次割っていき0になるまで計算したら，余りの1と0を最後から順番に並べた数 "1 111 101 000" が2進数の数になる。この場合は10桁になるので10ビットAD変換器が必要となる。

［正 解］　5

問 19

測定や分析におけるコンピュータの利用に関する次の記述の中から，誤っているものを一つ選べ。

1 市販及び自作の機器やプログラムは，いかなる環境下でも妥当性を確認せずに使用して良い。

2 測定結果や生データは，あとで確認できるように記録・保存しておくことが望ましい。

3 プログラムの機能を確認する方法として，値のわかっている対象を測定し，期待される結果が得られるかどうかを調べる方法がある。

4 プログラムは，意図しない変更がなされることがあるため，適切に保護・管理する必要がある。

5 コンピュータを用いたシステムでは，ネットワークを介した利用が増えており，セキュリティ面の強化が求められる。

[題 意]　コンピュータを適切に利用する上で事前に必要な方策について問うもの。

[解 説]　コンピュータで自作したプログラムでは，そのプログラムが意図した処理を正確に確実にするかどうかの妥当性確認が必ず必要である。**1** は誤り。

　コンピュータの利用は測定システムにおいて便利であり，また，計算ミスなどの人為的なミスは無いといえるのでとても利便性がある。しかし，測定の過程で得られた生データや途中の処理結果または測定結果は，その後で，もとの生データから測定結果までの処理過程がどうであったかを確認することが生じることがあるため，記録・保存をしておくことが必要と思われる。**2** は正しい。

　作成したプログラムが意図とした機能を確実に得られることを確認する方法として，値のわかっている対象を測定し，期待される結果が得られるかどうかを調べる方法がある。**3** は正しい。

　コンピュータ利用で注意することは，プログラムや入力したデータが何らかの原因で変更されないように，あるいは間違って消されてしまうようなことがないように，適切に保護・管理する必要がある。**4** は正しい。

　また，コンピュータがネットワークに繋がっている場合には，外部からの意図しない侵入やネットワークとのやり取りの中でウィルスなどに感染する恐れがあるので，セキュリティ対策が求められる。**5** は正しい。

[正 解]　**1**

-------- 問 20 ---

次の記述は，「JIS Z 8115 ディペンダビリティ（信頼性）用語」で示される用語のうち，平均故障間動作時間（MTBF）に関する説明である。（　ア　）～（　ウ　）にあてはまる語句の組合せのうち正しいものを，下の中から一つ選べ。

平均故障間動作時間（MTBF）は，修理しながら使用するアイテムの信頼性の指標として用いることができる。この MTBF は，故障間動作時間の期待値であり，ある特定期間中の MTBF は，その期間中の（　ア　）を（　イ　）で除した値である。故障間動作時間が指数分布に従う場合には，どの期間をとっても（　ウ　）は一定であり，MTBF は（　ウ　）の逆数となる。

	（ア）	（イ）	（ウ）
1	停止時間	総故障数	動作率
2	総動作時間	総故障数	故障率
3	停止時間	総動作数	故障率
4	総動作時間	総動作数	動作率
5	修理時間	総故障数	修復率

〔題　意〕

「JIS Z 8115 ディペンダビリティ（信頼性）用語」に関する用語のうち平均故障間動作時間（MTBF）について問う設問。

〔解　説〕　「JIS Z 8115 ディペンダビリティ（信頼性）用語」で定義されている「平均故障間動作時間（MTBF：mean time between failure）」とは，故障間動作時間の期待値である。また，ある特定期間中の MTBF は，その期間中の<u>総動作時間</u>を<u>総故障数</u>で除した値である。故障間動作時間が指数分布に従う場合には，どの期間をとっても<u>故障率</u>は一定であり，MTBF は<u>故障率</u>の逆数になる。

〔正　解〕　**2**

-------- 問 21 ---

品質管理で用いられる図に関する次の記述の中から，誤っているものを一つ

選べ。

1 管理図は，工程からのデータをグラフ上に打点したものであり，工程の管理状態を判断するための管理限界が設けられ，工程の変動や安定性を視覚的に評価することができる。

2 ヒストグラムは，データの存在する範囲をいくつかの区間に分け，その区間に属するデータの平均値と標準偏差をプロットしたものであり，データの分布の形やばらつきの視覚的な分析に用いることができる。

3 特性要因図は，目的とする品質管理の特性と，その結果をもたらす原因や手段との関係を系統的に線で結んで表した図であり，品質に影響する要因の抽出に用いることができる。

4 パレート図は，データを幾つかの分類項目に分け，出現度数の大きさの順に並べた棒グラフと累積和の折れ線グラフで示したものであり，不良品が発生した際の対策として重点を置くべきポイントを明らかにする場合などに用いることができる。

5 散布図は，二つの特性値が組になった複数のデータについて，その一つの特性値を縦軸に，もう一つの特性値を横軸に取って打点したものであり，二つの特性値間の関係を調べる場合に用いることができる。

―――――――――――――――――――――――――――――――――

〔題 意〕 品質管理で用いられる QC の七つ道具に関して知識を問うもの。

〔解 説〕 管理図とは，工程において管理したい製品特性値，例えば平均とばらつ

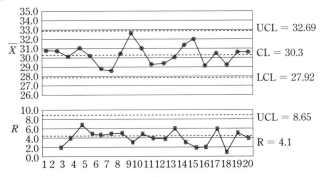

図1 管理図の例

きなどの推移を時間の経過とともに観るもので，工程の状態を監視する手段として用いられる手法である。**図 1** に例を示す。**1** は正しい。

　ヒストグラムは，データの存在する範囲をいくつかの区間に分け，その区間に属するデータの発生個数をグラフ化したもので，データの分布状態の形，全体の中心，ばらつきを視覚的に分析できる。**図 2** に例を示す。**2** で記述されたデータの平均値と標準偏差をプロットしたものではない。よって，**2** は誤り。

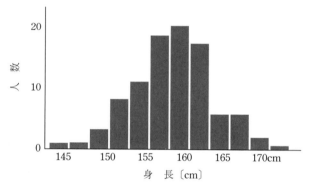

図 2　ヒストグラムの例

　特性要因図は，ある問題の改善，解決を図ろうとするとき，広い視野から状況を検討するためのもので，**図 3** のように目的とする結果特性と，その結果をもたらす要因（原因・手段）に分かれ，魚の骨のような形をしている。**3** は正しい。

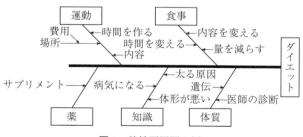

図 3　特性要因図の例

　パレート図は，データをいくつかの分類項目に分け，出現度数の大きさの順に並べた棒グラフと累積和の折れ線グラフで示したものである。**4** は正しい。

　散布図は，二つの特性値で，*x*, *y* の座標を作り，二つの特性値間の関係を調べるための プロット図である。**図 4** に例を示す。**5** は正しい。

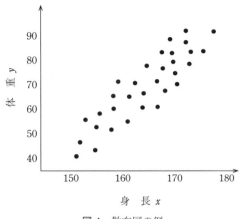

図 4　散布図の例

〔正 解〕　2

----- 問 22 ---

　1 箱に 50 個ずつの製品を入れた容器が 100 箱ある。この 100 箱の中からランダムに 10 箱を一次サンプリング単位として抜き取った。次に，抜き取った 10 箱の各容器からそれぞれ 5 個の製品をランダムに抜き取った。このようなサンプリング方法の名称として正しいものを，次の中から一つ選べ。

　1　二段サンプリング
　2　系統サンプリング
　3　集落サンプリング
　4　層別サンプリング
　5　復元サンプリング

〔題 意〕　サンプリングの種類とその内容についての問題。

〔解 説〕　設問のサンプリング方法を**図**に示す。このようにサンプリングを 2 段階

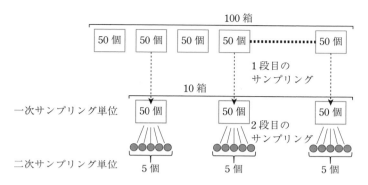

図　設問のサンプリング方法（二段サンプリング）

に分けて行うのが二段サンプリングである。

　層別サンプリングとは，母集団をいくつかの層に分けて，各層からサンプルをランダムに抜き取る方法である。層別サンプリングはすべての層からサンプルを抜き取る方法であるのに対し，集落サンプリングはいくつかの層をランダムに選び，選んだ層については全部調べるという点が，層別サンプリングの場合と逆になっている。この層を集落という。

　系統サンプリングは単純ランダムサンプリングが困難な場合などに用いられる方法で，対象母集団が順に移動してくる場合や，順番に並べられている場合に適しており，一定の時間や一定間隔でサンプリングする方法である。

〔正 解〕　**1**

------ 問 23 ------

　「JIS Z 9020-2 管理図 − 第 2 部：シューハート管理図」に基づく $\overline{X} - R$ 管理図に関する次の記述の中から，誤っているものを一つ選べ。

　1　$\overline{X} - R$ 管理図は，計数値と計量値のうち，計量値を管理する場合に用いられる。

　2　$\overline{X}$ 管理図は，n 個の観測値から成る群ごとの平均値を縦軸にとる。

　3　R 管理図は，n 個の観測値から成る群ごとの範囲を縦軸にとる。

　4　R 管理図には，群の大きさ n によらず，上側管理限界と下側管理限界を

共に記入する。

5 群の大きさ n が 10 以上のときには，R 管理図は用いず，s 管理図を用いるのが望ましい。

[題 意] $\overline{X}-R$ 管理図の内容について問う問題。

[解 説] 管理図には多くの種類があり，管理する対象やデータの種類によって使い分けが必要である。管理図の種類を**表**に示す。

表　管理図の種類

名　称	データの種類	管理する特性
$\overline{X}-R$ 管理図	計量値	平均と範囲
s 管理図	計量値	群の標準偏差
メディアン管理図	計量値	群のメディアン
p 管理図	計数値	不適合品率
np 管理図	計数値	不適合品数

$\overline{X}-R$ 管理図は，平均値の変化を見る $\overline{X}$ 管理図とばらつきの変化をみる R 管理図が上下に対応し，両者を併用する管理図であり，計量値の管理図の代表的なものである。$\overline{X}$ 管理図の $\overline{X}$ は，n 個の観測値からなる群の平均値であり，R は n 個の観測値からなる群のなかの最大値から最小値を引いた範囲 (R) である。これらの $\overline{X}$ と R は縦軸にとり，横軸は経過時間を表す群の順番をとる。**1 ～ 3** は正しい。

R 管理図の群の大きさ n が 6 以下の場合は下方管理限界 LCL は考えないので，**4** は誤り。また，群の大きさ n が 10 以上のときは，範囲 R の代わりに標準偏差 s を用いた s 管理図を用いるほうがより実態に合ったばらつきを表すことができるといえる。**5** は正しい。

[正 解] 4

------ **[問] 24** ------------------------------------

工程能力を評価する指標として一般的に用いられる工程能力指数 PCI (C_p) に関する次の記述の中から，誤っているものを一つ選べ。

ただし，工程で製造される製品の特性値に対して，目標値を中心とする両側

規格限界が設定されているものとする。また，製品の特性値の母集団は正規分布に従うと仮定し，$\widehat{\sigma}$ は母標準偏差の推定値とする。

1　PCI は，製品の特性値に対して規定された規格幅を $6\widehat{\sigma}$ で除した値である。

2　PCI の計算における規格幅には，上側規格限界と下側規格限界との差が用いられる。

3　PCI が 1 未満であることは，工程能力が不足していることを示している。

4　PCI の値の 1.33 は，一般的に工程能力として許容できる最小の値と見なされている。

5　PCI が大きければ大きいほど，製品の特性値は，目標値を中心に，より狭い範囲に集まる。

〔題　意〕　工程能力を評価するための指標となる工程能力指数 PCI に関する設問

〔解　説〕　工程能力指数（PCI：process capability index）C_{p} とは，品質管理の分野において，製造工程のもつ工程能力を定量的に評価するための指標の一つである。その指標の計算式は

$$C_{\mathrm{p}} = \frac{USL - LSL}{6 \times \widehat{\sigma}}$$

である。ここで

USL：上側規格値

LSL：下側規格値

$\widehat{\sigma}$：母標準偏差の推定値

である。

両側規格に対して $C_{\mathrm{p}} = 1.00$ であれば平均値に対して $\pm 3\sigma$ のばらつきが規格幅と一致していることになるが，偏差にも変動があることを考慮すると，少なくとも $C_{\mathrm{p}} > 1.33$ とするのが好ましいといわれている。

C_{p} が大きければ大きいほど，製品特性値のばらつきは小さくなるが，製品の目標値に集まるということにはならない。よって，**5** は誤り。

〔正　解〕　5

------ 問 25 ------

計測管理における標準化に関する次の記述の中から，正しいものを一つ選べ。

1 測定に関する標準化では，測定の技術的な手順のみが対象であり，測定の記録の作成，管理，保管については，標準化する必要はない。

2 測定作業に関する標準化の目的の一つは，測定作業を同じように行うことにより測定の安定化を図ることである。

3 製品検査のうち，検査員による外観検査など定量化が難しい作業は，標準化することはできない。

4 測定が自動化されれば，その測定の計測管理について標準化する必要はない。

5 事業部内での標準化において，その事業部内で使用する測定器の機種を統一すれば，それぞれの測定現場での測定精度は向上する。

[題 意] 計測管理において標準化を進める場合の考え方について問うもの。

[解 説] 測定に関する標準化では，測定の技術的な手順のみではなく，測定の記録の作成，管理，保管についても標準化の対象とすべきである。**1** は誤り。

測定作業に関する標準化の目的の一つは，測定者が異なっても測定作業を同じように行うことにより測定の安定化を図ることである。**2** は正しい。

製品検査において外観検査など定量化が難しい作業では，検査見本のような具体的判定基準の製作により，標準化することは可能である。**3** は誤り。

測定が自動化されても，それは操作や作業を自動的に実施することであり，操作手順の合理化や測定方法の改善などが自動的に行うことはできない。計測管理においては，さまざまな活動を無駄なく効率的に行うことを目標にして進めることが重要である。**4** は誤り。

現場で使用する測定器の器種を統一して標準化したからといって測定精度が向上するわけではない。標準化と測定精度の向上とは無関係である。**5** は誤り。

[正 解] **2**

2.2 第69回（平成30年12月実施）

---- 問 1 ----

計測管理の進め方に関する次の記述の中から，誤っているものを一つ選べ。

1 計測管理は，計測の目的を達成させるため，測定の計画・実施・活用という一連の業務の流れを，広い視点で体系的に管理することである。

2 測定の計画では，計測の目的を達成させるために，どのような特性を，どのような方法で測定するかを決定し，測定を確実に実施できるようにする。

3 測定に使用する測定機器を決めるとき，測定の目的にかかわらず，小さな不確かさが実現できるように，できるだけ分解能の高い測定機器を選ぶ。

4 測定結果を評価して，測定の不確かさが目的に対して十分でない場合は，測定の計画を見直し，改善する。

5 計測管理は，工程管理，品質管理，安全管理，環境管理など様々な分野での管理のために重要な活動なので，関連する部署と協力して進める。

［題 意］ 計測管理を進める場合の基本的な考え方と計測の役割について知識を問うもの。

［解 説］ JIS計測用語によると計測とは「特定の目的をもって，測定の方法および手段を考究し，実施し，その結果を用いて所期の目的を達成させること」である。計測管理の活動を進める場合，まず計測の目的を明らかにし，その目的を達成させるための測定の計画・実施・活用という流れを考えて，全体として効率よく体系的に管理することが計測管理に求められる。**1**は正しい。また，測定の計画においては，目的を達成するために何を測るべきかを考えて測定の特性を決め，どのような方法で測るかということが重要である。**2**は正しい。

測定に使用する測定機器を選択するときには，測定の目的に対して必要な測定の不確かさが小さい測定機器を選ぶことが重要であるが，分解能の高いことが不確かさを小さくすることができるということではない。不確かさには，分解能の高いということ以外にばらつきやかたよりの大きさなどの程度が影響するものである。**3**は誤り。

もし，測定結果を評価して，測定の不確かさが目的に対して不十分である場合には，測定機器の選定，測定方法の改善，測定環境の整備などを見直す必要がある。**4** は正しい。

計測には，製品製造における工程，製品品質評価のための計測，安全保証のための計測，環境整備のための計測などさまざまな分野に関わる基盤技術であるから，関係するさまざまな管理は多種多様に及ぶ技術である。よって，それぞれに関連する部署と協力して進めることは重要なことである。**5** は正しい。

〔正 解〕 **3**

------- 〔問〕 **2** -------------------------------------

製造工程における計測管理に関する次の記述の中から，誤っているものを一つ選べ。

1 製造工程における測定では，測定対象を単に測定するだけではなく，その測定の意義や目的を明確にすることが重要である。

2 製造された製品の検査に使用する測定器を選択する場合，許容差などの製品に要求される基準を考慮する必要がある。

3 製造工程の管理に使用する測定器のドリフトは，その工程で生産される製品の特性値に影響する。

4 製造工程の管理に使用する測定器の最適な校正周期は，工程のばらつきの大きさのみで決めることができる。

5 測定誤差を小さくするために製造工程の管理に使用する測定器の校正周期を短くすると，測定器の管理コストが大きくなることがある。

〔題 意〕 製造工程や検査で関わる計測管理について基本的な考え方を問うもの。

〔解 説〕 製造工程で行う測定の基本は，製造する品物（部品等）が設計されたとおりに仕上げることが目的である。よって，その目的のために何をどのように効率よく測定するかを考えて行うことが重要である。**1** は正しい。

製品の検査に使用する測定器を選択する場合，検査の対象となる特性の許容差に対して測定の不確かさが十分に小さいことが望ましい。これは，測定の不確かさの影響

で検査の合否判定にリスクが生じるからである。このリスクに対し，不確かさの分を
ガードバンド，すなわち不確かさの分を差し引いて合否判定の基準とするという考え
方がある。**2** は正しい。

　製造工程において使用する測定器のドリフトは，当然，測定結果にドリフトの影響
があるので，測定した製品の特性値に影響することになる。**3** は正しい。

　測定器の校正周期は測定器の経時変化の大きさが，測定の目的に対し無視できない
変化になるまでに校正を行うことが望ましい。工程のばらつきの大きさとは無関係で
ある。**4** は誤り。

　校正の目的は測定誤差を小さくするためであるが，測定器の校正周期をあまり短く
すれば，校正に費やす経費が増加することになる。その結果，測定器の管理コストが
大きくなる。**5** は正しい。

〔正解〕　**4**

----- 問 **3** -----

　「JIS Z 8103 計測用語」に含まれる用語について，次の A ～ C の記述の正誤の
組合せとして正しいものを，下の中から一つ選べ。

A　「国際標準」とは，国際的な合意によって認められた標準であって，異なっ
　　た地域間を輸送するための標準のことをいう。

B　「二次標準」とは，同一の量の一次標準と比較して値が決定された標準のこ
　　とをいう。

C　「実用標準」とは，計器，実量器又は標準物質を，日常的に校正又は検査す
　　るために用いられる標準のことをいう。

	A	B	C
1	正	正	正
2	正	正	誤
3	正	誤	正
4	誤	正	正
5	誤	誤	誤

(題 意) 「JIS Z 8103 計測用語」で規定される標準に関連する用語の定義について問うもの。

(解 説) 「JIS Z 8103 計測用語」(2000) における標準に関する用語の定義は以下の**表**のとおりである。

表 「JIS Z 8103 計測用語」(2000) における標準に関する用語の定義

用 語	定 義
国際標準	国際的な合意によって認められた標準であって，当該量の他の標準に値付けするための基礎として国際的に用いられるもの。
国家標準	国家による公式な決定によって認められた標準であって，当該量の他の標準に値付けするための基礎として国内で用いられるもの。
一次標準	最高の特性をもち，同一量の他の標準への参照なしにその値が認められた標準。
二次標準	同一の量の一次標準と比較して値が決定された標準。
実用標準	計器，実量器又は標準物質を，日常的に校正又は検査するために用いられる標準。
仲介標準	標準群を比較するために仲介として用いられる標準。
移動用標準	異なった地域間を輸送するための標準。

よって，A は誤り，B と C は正しい。なお，「JIS Z 8103 計測用語」は試験実施時は2000 年改訂が最新であったが，その後 2019 年に改訂された。本書 2.3 節（第 70 回（令和元年 12 月実施））の問 1 の解説を参照のこと。

(正 解) 4

---------**(問)** 4 ------

国際単位系 (SI) において，ある組立単位を基本単位で表示すると $\mathrm{m^2 \cdot kg \cdot s^{-3}}$ になる。この組立単位として正しいものを，次の中から一つ選べ。

1 パスカル (Pa)

2 ジュール (J)

3 ワット (W)

4 クーロン (C)

5 ファラド (F)

(題 意) 国際単位系 (SI) のうち固有の名称による組立単位を基本単位のみで表示

する知識を問うもの。

解 説　設問に示す国際単位系（SI）の固有の名称による組立単位を基本単位のみで表示すると**表**のとおりとなる。

表　組立単位の基本単位による表示

SI組立単位	SI基本単位による表示
パスカル（Pa）	$m^{-1} \cdot kg \cdot s^{-2}$
ジュール（J）	$m^2 \cdot kg \cdot s^{-2}$
ワット（W）	$m^2 \cdot kg \cdot s^{-3}$
クーロン（C）	$s \cdot A$
ファラド（F）	$m^2 \cdot kg^{-1} \cdot s^{-4} \cdot A^2$

したがって，設問で記載されている基本単位の表示 $m^2 \cdot kg \cdot s^{-3}$ はワット（W）を表している。

正 解　**3**

問 5

測定誤差に関する次のア～エの記述について，正しい記述の組合せを下の中から一つ選べ。

ア　相対誤差は，系統誤差と偶然誤差のそれぞれの2乗の和の平方根として求められる。

イ　測定器に負のかたよりがある場合でも，実際の測定値は真の値より大きくなることもある。

ウ　測定者が気付かずに犯した誤りやその結果得られた測定値はまちがいと呼ばれ，測定作業に慣れた熟練者でもまちがいは発生する。

エ　精密測定室で測定の不確かさを評価した測定器を，環境条件が大きく変動する工程中で用いても，精密測定室で用いる場合と同程度の不確かさで測定できる。

　1　ア，イ，ウ
　2　ア，イ，エ
　3　イ，ウ

4 ウ，エ

5 エ

───────────────────────────

(題 意) 測定誤差の性質と種類に関して知識を問うもの。

(解 説) 相対誤差とは，誤差の真の値に対する比をいう。つまり，誤差の大きさを相対的に表した値である。記述アは誤り。

測定誤差の性質として，「かたより」と「ばらつき」がある。測定器に負のかたよりがある場合でも，ばらつきがあるので実際の測定値は正のかたより，つまり真の値より大きくなることも生じる。記述イは正しい。

測定におけるまちがいとは，測定者が気付かずにおかした誤り，またはその結果求められた測定値をいい，熟練者であっても発生する。記述ウは正しい。

測定の不確かさの要因の一つとして環境条件の違いや変動がある。温度条件等が制御された精密測定室で測定する場合の不確かさと，環境条件等が大きく変動するような工程中で測定した場合の不確かさは，通常異なることが考えられる。記述エは誤り。

(正 解) **3**

───────────────────────────

──── (問) **6** ────────────────────────────

測定値の標準不確かさを評価する方法として，タイプＡ評価とタイプＢ評価の二通りの方法がある。このうちタイプＡ評価は，一連の観測値の統計的解析による評価である。ある測定対象量を n 回反復測定して得たデータ q_i $(i = 1, 2, \cdots, n)$ があり，その平均 $\overline{q} = \dfrac{1}{n}\sum_{i=1}^{n} q_i$ をこの測定対象量に対する測定値とすることにした。測定値 $\overline{q}$ の標準不確かさ $u(\overline{q})$ をタイプＡ評価するため，データ q_i の標本標準偏差 s を計算し，これを使って $u(\overline{q})$ を求めた。このとき，標本標準偏差 s と標準不確かさ $u(\overline{q})$ の計算式の次の組合せの中から，正しいものを一つ選べ。

ただし，データ q_i は互いに統計的に独立であるとする。

1 $s = \sqrt{\dfrac{1}{n}\sum_{i=1}^{n}(q_i - \overline{q})^2}, \quad u(\overline{q}) = \dfrac{s}{\sqrt{n}}$

2 $s = \sqrt{\dfrac{1}{n}\sum_{i=1}^{n}(q_i - \overline{q})^2}, \quad u(\overline{q}) = \dfrac{s}{n}$

3　$s = \sqrt{\dfrac{1}{n}\sum\limits_{i=1}^{n}(q_i - \overline{q})^2}$,　$u(\overline{q}) = \dfrac{s}{\sqrt{n-1}}$

4　$s = \sqrt{\dfrac{1}{n-1}\sum\limits_{i=1}^{n}(q_i - \overline{q})^2}$,　$u(\overline{q}) = \dfrac{s}{n}$

5　$s = \sqrt{\dfrac{1}{n-1}\sum\limits_{i=1}^{n}(q_i - \overline{q})^2}$,　$u(\overline{q}) = \dfrac{s}{\sqrt{n}}$

〔題　意〕　測定の不確かさ評価の方法のうちタイプA評価についての問題で，測定値の平均の標準不確かさに関するもの。

〔解　説〕　タイプA評価の不確かさとは，一連の観測値を統計的解析によって評価して求める方法である。測定を反復して得たデータ $q_i\,(i = 1, 2, \cdots, n)$ の平均を測定値とする場合の不確かさを求める計算式を選ぶ設問である。平均値の標準不確かさを求めるには，まず，反復した測定した観測データのばらつきである標準偏差 s を計算し，つぎに平均値のばらつきとなる標準偏差を計算すればよい。この平均値の標準偏差が標準不確かさとなる。

反復測定の観測データの標準偏差を求める計算式は，各データと平均値からの差の2乗和をデータ群の自由度で除して求めた分散を平方根した値が標準偏差となる。ここで，自由度は平均値からのデータ数 n から1を引いた $n-1$ であるので標準偏差 s は

$$s = \sqrt{\frac{1}{n-1}\sum_{i=1}^{n}(q_i - \overline{q})^2}$$

となる。また，平均値の標準不確かさは

$$u(\overline{q}) = \frac{s}{\sqrt{n}}$$

となる。正しい組合せは **5** である。

〔正　解〕　**5**

〔問〕7

標準偏差に関する次の記述の中から，誤っているものを一つ選べ。

1　確率変数 x が平均 μ，標準偏差 σ の正規分布に従うとき，x が $[\mu - 2\sigma, \mu + 2\sigma]$ の範囲に含まれる確率は約95%である。

2　平均が0，半幅が a の一様分布（矩形分布）に従う確率変数の標準偏差は，

$a/\sqrt{3}$ である。

3 互いに独立な n 個の確率変数 $x_i\,(i=1,2,\cdots,n)$ が平均 μ，標準偏差 σ の正規分布に従うとき，確率変数 $\bar{x}=\dfrac{1}{n}\displaystyle\sum_{i=1}^{n}x_i$ は，平均 μ，標準偏差 $\sigma/\sqrt{n}$ の正規分布に従う。

4 確率変数 x が平均 μ，標準偏差 σ の正規分布に従うとき，確率変数 $z=2x$ の標準偏差は 4σ である。

5 互いに独立な確率変数 x_1, x_2 の標準偏差をそれぞれ σ_1, σ_2 とするとき，確率変数 $w=x_1-x_2$ の標準偏差は $\sqrt{\sigma_1^2+\sigma_2^2}$ である。

［題 意］ 確率変数とその標準偏差に関する知識を問うもの。

［解 説］ 確率変数 x が標準偏差 σ の正規分布に従うとき，x が $[\mu-2\sigma,\ \mu+2\sigma]$ の範囲に含まれる確率とは，分布の中心である平均 μ に対して標準偏差の 2 倍（$\pm 2\sigma$）の範囲をとったとき，1 個の変数を得たときにその範囲に入る確率をいう。平均 μ に対して標準偏差 σ の倍数をとった範囲とその確率を**図 1** に示す。$\pm 2\sigma$ の確率は 95 ％である。選択肢 **1** は正しい。

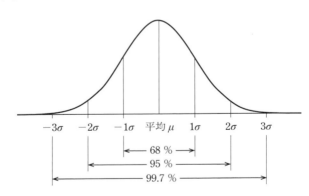

図 1 平均 μ に対して標準偏差 σ の倍数をとった範囲とその確率

平均が 0，半幅が a の一様分布（矩形分布ともいう）とは**図 2** のような分布である。一様分布に従う確率変数の標準偏差は $a/\sqrt{3}$ となる。選択肢 **2** は正しい。

ある母集団が平均 μ，標準偏差 σ の正規分布に従うとき，その母集団から n 個の変数 $x_i\,(i=1,2,\cdots,n)$ の平均値は

$$\bar{x} = \frac{1}{n}\sum_{i=1}^{n} x_i$$

となり，平均値 $\bar{x}$ の標準偏差は

$$\sigma_{\bar{x}} = \frac{\sigma}{\sqrt{n}}$$

となる。**3** は正しい。

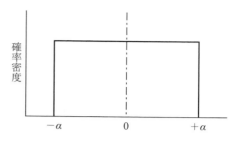

図2 平均が0，半幅が a の一様分布

確率変数 x が平均 μ，標準偏差 σ の正規分布に従うとき，確率変数の分散 σ^2 は

$$\sigma^2 = V[x] = \mathrm{E}[(x - \mu)^2]$$

と定義される。**4** で記述されるように確率変数が $z = 2x$ で与えられたときの分散は，分散の性質により

$$V[2x] = 2^2 V[x]$$

となる。よって，標準偏差は分散の平方根であるから

$$\sqrt{2^2 V[x]} = 2\sigma$$

となり，**4** は誤り。

たがいに独立な確率変数 x_1，x_2 の標準偏差をそれぞれ σ_1，σ_2 とするとき，確率変数 $w = x_1 - x_2$ の標準偏差は，確率変数の分散 $V[x]$ に関する公式から以下のようになる。

$$V[x_1 - x_2] = V[x_1] + V[x_2]$$

したがって，確率変数の標準偏差は分散 $V[w]$ の平方根であるから

$$\sqrt{V[w]} = \sqrt{V[x_1 - x_2]} = \sqrt{V[x_1] + V[x_2]}$$
$$= \sqrt{\sigma_1^2 + \sigma_2^2}$$

となる。**5** は正しい。

〔正 解〕 **4**

------ 問 **8** ------

確率変数 x が平均 10，分散 1 の確率分布に従うとき，確率変数 x^2 の期待値として正しいものを次の中から一つ選べ。

1　1

2　11

3　100

4　101

5　110

[題 意]　確率変数の期待値について問うもの

[解 説]　確率変数 x の期待値を $E[x]$，分散を $V[x]$ とするとき以下の公式がある。

$$V[x] = E[x^2] - E[x]^2$$

上式の $E[x^2]$ は確率変数 x^2 の期待値である。設問より，$E[x]$ は確率変数の平均であるので 10 である。また，分散 $V[x]$ は 1 と与えられている。したがって，確率変数 $E[x^2]$ の期待値は

$$E[x^2] = E[x]^2 + V[x] = 10^2 + 1 = 101$$

となる。**4** が正しい。

[正 解]　**4**

---- [問] 9 ----

ある測定器を校正するため，認証値 x_i が付与された k 水準の測定標準を準備し，それぞれに対する測定器の指示値 y_i を求めた。これら k 組のデータ対 (x_i, y_i) $(i = 1, 2, \cdots, k)$ を用いて，測定器の指示値の，認証値に対する一次回帰分析を行うとき，回帰係数の計算式として正しいものを次の中から一つ選べ。

ただし，$\overline{x}$ 及び $\overline{y}$ は，それぞれ x_i 及び y_i の平均である。

1　$\dfrac{\overline{x}}{\overline{y}}$

2　$\dfrac{\overline{y}}{\overline{x}}$

3　$\dfrac{\sum\limits_{i=1}^{k} x_i^2}{\sum\limits_{i=1}^{k} y_i^2}$

4
$$\dfrac{\displaystyle\sum_{i=1}^{k}(x_i-\overline{x})(y_i-\overline{y})}{\sqrt{\displaystyle\sum_{i=1}^{k}(x_i-\overline{x})^2}\times\sqrt{\displaystyle\sum_{i=1}^{k}(y_i-\overline{y})^2}}$$

5
$$\dfrac{\displaystyle\sum_{i=1}^{k}(x_i-\overline{x})(y_i-\overline{y})}{\displaystyle\sum_{i=1}^{k}(x_i-\overline{x})^2}$$

[題 意]　回帰係数を求める計算式について問うもの。

[解 説]　認証値 $x_i\,(i=1,\,2,\,\cdots,\,k)$ と測定器の指示値 $y_i\,(i=1,\,2,\,\cdots,\,k)$ の関係を一次回帰分析するときの回帰係数 b は

$$回帰係数\,b=\frac{x と y の共分散}{x の分散}$$

で表される。計算式は

$$b=\frac{S_{xy}}{S_{xx}}=\frac{\displaystyle\sum_{i=1}^{k}(x_i-\overline{x})(y_i-\overline{y})}{\displaystyle\sum_{i=1}^{k}(x_i-\overline{x})^2}$$

となる。**5** が正しい。

[正 解]　5

-------- **[問] 10** --------

実験計画法に関する次の記述の中から，誤っているものを一つ選べ。

1　実験計画法とは，特性値に対して影響のありそうな因子をいくつか取り上げて，その因子の効果を効率的に評価するための方法である。

2　実験の無作為化，反復，局所管理を実験計画法におけるフィッシャーの三原則という。

3　実験の無作為化の目的は，実験で発生する偶然誤差を小さくすることである。

4　実験で取り上げた要因効果の有意性は，要因効果の分散と実験誤差の分散との比を F 検定することによって検証することができる。

5 繰り返しのない二元配置実験において，実験で取り上げた二つの因子間
の交互作用は実験誤差と分離できない。

【題 意】 実験計画法の特徴およびフィッシャーの三原則の内容について問うもの。

【解 説】 実験計画法とは，効率的で客観的な結論が得られるように実験を計画す
る方法である。効率的に実験を進めるために，複数の因子を取り上げて，その因子の
効果を分散分析により評価することができる。**1** は正しい。

実験計画法はイギリスのフィッシャーが農業実験に適用し開発された方法である。
フィッシャーはつぎの三原則を提起した。

・反復の原則

・無作為化の原則

・局所管理の原則

したがって，**2** は正しい。

上記三原則の無作為化の目的は，実験順序からくる条件差や評価者の慣れなどの系
統的な誤差を偶然誤差に転化させるために行うものである。よって，**3** は誤り。

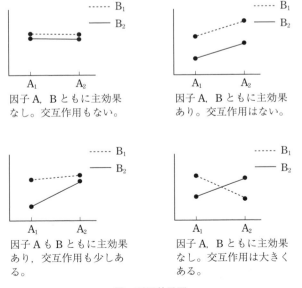

因子 A，B ともに主効果
なし。交互作用もない。

因子 A，B ともに主効果
あり。交互作用はない。

因子 A も B ともに主効果
あり，交互作用も少しあ
る。

因子 A，B ともに主効果
なし。交互作用は大きく
ある。

図　要因効果図

実験で取り上げた要因効果の有意性とは，実験で得られた観測データの変動を実験誤差の変動と要因による変動に分解し，その効果を平均平方（分散）で表し，その比の大きさから要因効果の有意性を検証することである。この検定方法を **F** 検定という。**4** は正しい。

二元配置実験における交互作用とは，一つの因子による効果のうち，他の因子に影響される部分の効果をいう。因子の主効果と交互作用の効果をグラフで表した要因効果図を**図**に示す。

この図のように二元配置実験において，交互作用の効果の有意性を分析するには，交互作用の組合せ（$A_1 \times B_1, A_1 \times B_2 \cdots, A_i \times B_j$）の変動より変動の少ないデータで検出する必要がある。そのデータとして繰り返しデータを利用するのである。**5** は正しい。

〔正 解〕 3

──── 〔問〕 11 ────────────────

「JIS Z 8103 計測用語」で定義された測定標準に関する次の記述の中から，誤っているものを一つ選べ。

1 測定標準とは，基準として用いるために，ある単位又はある量の値を定義，実現，保存又は再現することを意図した計器，実量器，標準物質又は測定系のことである。

2 測定標準は基準として用いるので，その値に再現性があり，安定なものであることが要求される。

3 測定標準の値の不確かさは，その測定標準で校正された測定器を用いた測定の不確かさの一成分となる。

4 測定標準を試験所内での測定の精密さの管理に用いる場合，その測定標準の値は国家標準にトレーサブルであることが必須である。

5 測定のトレーサビリティを確保するための測定標準として，認証標準物質を用いることができる。

〔題 意〕 測定標準とトレーサビリティに関する用語について問うもの。

〔解 説〕 「JIS Z 8103 計測用語」で定義されている測定標準とは，「基準として用い

るために，ある単位又はある量の値を定義，実現，保存又は再現することを意図した
計器，実量器，標準物質又は測定系」である。**1** は正しい。

　測定標準は基準として用いることが目的であるので，その値に再現性，安定性が求
められる。**2** は正しい。

　測定標準は，計器，実量器または標準物質などの計測器の校正に用いられるが，校
正したときの不確かさには，校正の作業において生じる不確かさに加え，測定標準の
値の不確かさも含まれてくる。**3** は正しい。

　測定標準を試験所内，研究所内，または企業の製品開発部署内のみで使用するよう
な場合，その測定の管理に使用する測定標準は特に計量トレーサビリティをとる必要
性はない。**4** は誤り。

　「JIS Z 8103 計測用語」による「認証標準物質」の定義は，一つ以上の特性値が認証さ
れた，認証書付の標準物質をいう。特性値の認証は，特性値を表す単位についてその
正確な現示のためのトレーサビリティが確立され，かつ，表記された信頼水準での不
確かさが認証書に付されるという手続きによって行われる。**5** は正しい。

〔正 解〕　**4**

------ 問 **12** ------

　測定のトレーサビリティに関する次の記述の中から，誤っているものを一つ
選べ。

1　トレーサビリティが確保されていれば，測定結果が，通常は国家標準又
は国際標準である決められた基準につながる経路が確立している。

2　国家標準へのトレーサビリティを確保した測定器を用いて，適切に管理
した測定で得た測定結果は，国家標準にトレーサブルである。

3　測定器の校正を通じてトレーサビリティを確保することにより，測定結
果の不確かさはゼロになる。

4　企業内の限られた範囲で実施される測定においては，トレーサビリティ
の確保を必要としない場合がある。

5　測定器の校正に使用する測定標準に検査成績書が発行されていることだ
けでは，トレーサビリティが確保されていることにはならない。

(題 意) トレーサビリティに関する内容に関する知識を問うもの。

(解 説) 「JIS Z 8103 計測用語」で定義されているトレーサビリティの定義とは，「不確かさがすべて表記された切れ目のない比較の連鎖によって，決められた基準に結びつけられ得る測定結果又は標準の値の性質。基準は通常，国家標準又は国際標準である。」である。よって，トレーサビリティとは測定結果が国家標準または国際標準につながる経路が確立していることである。**1** は正しい。

　測定結果がトレーサブルのとれたものにするためには，測定に使用する測定器をトレーサビリティのとれた上位の標準で校正して，適切な管理をして測定を行えばよい。**2** は正しい。

　測定によって生じる誤差には，系統誤差と偶然誤差がある。系統誤差はかたよりであり，偶然誤差はばらつきによるものである。測定器を校正するとかたより成分を求めることができ，この成分を補正することでかたより成分の誤差を除くことができる。一方，ばらつき成分の誤差は校正を行っても除くことのできない誤差である。このばらつき成分は不確かさとして評価され，測定結果に付記されるものである。よって，測定器の校正を通じてトレーサビリティを確保したとしても測定の不確かさがゼロになることはない。**3** は誤り。

　企業内の限られた範囲で実施される測定，あるいは測定結果を外部に対して公表などしないで内部でのみで使用する測定については，トレーサビリティの確保を必要としない場合もある。**4** は正しい。

　検査成績書とは，ある基準との比較を行って合否の判定をした成績書であり，校正の不確かさが表記されていないので，トレーサビリティが確保されていることにはならない。**5** は正しい。

(正 解)　3

------ **(問) 13** ------

　「JIS Z 9090 測定 － 校正方式通則」における校正方式に関する次の記述の中から，誤っているものを一つ選べ。

　1　測定器の読みと測定標準の値との平均的なずれの修正を，一般に定点の校正という。

2　測定器の読みと測定標準の値との直線関係を表す感度係数の修正を，一般に傾斜の校正という。

3　基準点での測定標準の値及び測定器の読みを用いて定点の校正を行うことを，基準点校正という。

4　零点の読みを零と仮定して傾斜の校正を行うことを，零点比例式校正という。

5　基準点での測定標準の値及び測定器の読みを用いて定点の校正を行った後，傾斜の校正を行う校正を，1次式校正という。

〔題 意〕　「JIS Z 9090 測定 − 校正方式通則」の内容について知識を問うもの。

〔解 説〕　「JIS Z 9090 測定 − 校正方式通則」によると，校正式の基本は測定器の読み y と測定標準の値 M との関係から得られ校正のための関係式は，定点の校正と傾斜の校正の二つのことによって成り立つとしている。定点の校正は y と M から平均的なずれを修正すること，傾斜の校正は y と M との直線関係を表す感度係数 β を修正することである。**1** と **2** は正しい。

基準点校正とは，基準点での測定標準の値 M と測定器の読み y から両者のずれを修正する校正である。**3** は正しい。

零点比例式校正とは，零点の読み y を零と仮定して傾斜の校正を行うものである。**4** は正しい。

基準点での測定標準の値と測定器の読み y からずれを修正，つまり基準点校正を行った後，傾斜の校正を行う校正は，基準点比例式校正である。1次式校正とは，読み y の平均値と測定標準 M の平均値から定点の校正および傾斜の校正を同時に行う校正をいう。**5** は誤り。

〔正 解〕　**5**

〔問〕14

「JIS Z 9090 測定 − 校正方式通則」に基づく，生産工程で使用する測定器の校正に関する次の記述の中から，誤っているものを一つ選べ。

1　校正では，製品などの実際の測定対象を標準として用いることがある。

2 校正に用いる標準の誤差は，測定値の誤差の大きさに影響する。

3 校正方式には，点検は行わず修正のみ行い，新しい校正式を求める方式がある。

4 校正を行っても，経時的変化によって生じた測定器のかたよりを小さくすることはできない。

5 校正方式や校正間隔は，校正によって得られる効果と，校正に要するコストや手間を総合的に判断し，決定するのがよい。

(題 意) 「JIS Z 9090 測定 － 校正方式通則」の校正方式のうち生産工程で使用する測定器の校正方法の考え方について問うもの。

(解 説) 製造工程で製品の特性を測定する場合に，環境条件の変化によって生じる測定誤差を低減させる目的で製品などの実際の測定対象を標準として用いることもあり，この標準を実物標準と呼ぶ。**1** は正しい。

校正に用いる標準の誤差は，当然，測定器の誤差に影響することになる。**2** は正しい。

「JIS Z 9090 測定 － 校正方式通則」による校正方式は以下の**表**のように4区分を規定している。

表　校正方式の区分

(1) 点検及び修正を行う	(2) 点検だけを行う	(3) 修正だけを行う	(4) 無校正
① 点検作業	① 点検作業	① 点検作業なし	① 点検作業なし
② 点検の結果	② 点検の結果	② 修正作業	② 修正作業なし
③ 結果に応じて修正作業	③ 修正作業なし	③ 使用	③ 期限まで使用
④ 使用	④ 使用／廃棄		

校正の区分 (3) は点検を行わず修正のみ行い，新しい校正式を求める方式である。**3** は正しい。

校正によって測定誤差を小さくする成分は，経時的に変化した測定器のかたよりによる成分の誤差である。**4** は誤り。

生産工程で行う測定では，測定によって生じる誤差の影響と，測定器の校正によって得られる効果，校正に要するコストなどから最適な校正方式や校正間隔を経済性を考えて決定することがよいと考えられる。**5** は正しい。

〔正 解〕 4

------ 〔問〕 15 ---

　測定の SN 比に関する次の記述の中から，誤っているものを一つ選べ。ただ
し，以下で，信号とは測定対象量の大きさを表すものとする。

1　測定の SN 比とは，信号が変化したときに，測定器の指示値が忠実に変
　　化しているかどうかを表わす指標である。

2　測定の SN 比を求める実験では，値のわかった信号の水準をいくつか変
　　えながら，それぞれに対応する測定器の指示値を得る。

3　測定の SN 比を求める実験では，誤差因子の選択にかかわらず，得られ
　　る SN 比の値は同じ値になる。

4　測定の SN 比は，対数をとってデシベル値に変換することで，近似的に
　　要因効果についての加法性を持つことが期待される。

5　デシベル値に変換する前の測定の SN 比の単位は，信号の単位の 2 乗の
　　逆数である。

〔題 意〕　測定の SN 比に関する内容と SN 比を求める方法について問うもの。

〔解 説〕　測定の SN 比とは，測定器に信号となる測定量を入力したとき，測定器
の指示値が忠実に変化しているかどうかを表す指標である。このときの忠実に変化す
るという意味は，ばらつきがなく安定して指示値を表示するということである。**1** は
正しい。

　測定の SN 比を求める実験は，値の分かった信号として値の異なる標準をいくつか
準備する。これは信号因子およびその水準という。次に測定器でその信号因子を測定
したときの指示値を観測し SN 比を求めることができる。**2** は正しい。

　測定の SN 比は測定器の測定量に対する感度とばらつきの大きさによって変わる指
標である。よって，ばらつきとなる誤差因子に何を選ぶかが重要である。**3** は誤り。

　測定の SN 比 η は，測定器の測定量に対する感度係数を β，測定器の指示値のばら
つきを σ とすると

$$\eta = \frac{\beta^2}{\sigma^2} \tag{1}$$

となる。さらに対数をとり

$$\eta = 10\log\frac{\beta^2}{\sigma^2} （デシベル，dB） \tag{2}$$

と表すことができる。デシベル値変換することで加法性が得られるため，デシベル値の SN 比を特性値として実験を行うことができるメリットがある。**4** は正しい。

　測定の SN 比は，未知の測定対象 M を測定したときの指示値 y から未知の測定対象の真の値を感度係数 β とする零点比例式で推定すると

$$\widehat{M} = \frac{y}{\beta} \tag{3}$$

である。ここで，未知の測定対象の真の値 M と推定した値 $\widehat{M}$ との差は

$$\widehat{M} - M = \frac{e}{\beta} \tag{4}$$

となる。e は測定器の指示値のばらつきを表す誤差 σ である。

　測定の SN 比 η は式 (4) を 2 乗して分子分母を反転して以下のように表したものである。

$$\eta = \frac{\beta^2}{\sigma^2} \tag{5}$$

　つまり，測定の SN 比の単位は，信号（測定量）の単位の 2 乗の逆数となる。**5** は正しい。

〔正 解〕 **3**

------ 〔問〕 **16** --

　測定の SN 比を利用することで，測定器の比較や測定条件の改善を行うことができる。測定の SN 比による比較と改善に関する次の記述の中から，誤っているものを一つ選べ。

1　測定の SN 比が大きいことは，校正後の誤差の大きさが小さいことを意味する。

2　二種類の測定器の測定原理が異なっていても，測定対象量が同じであれば，測定の SN 比を用いて，校正後の誤差の大きさを比較できる。

3　二種類の測定器の比較において，測定環境を誤差因子として取り上げて
SN 比を比較することで，環境変化に対してよりロバスト（頑健）な測定器
を選ぶことができる。

4　測定の SN 比を改善する実験では，信号因子，誤差因子，制御因子を一
つの直交表に割り付けた実験を行うことにより，SN 比の信頼性の高い評
価が可能となる。

5　測定の SN 比の改善においては，改善による誤差の低減の効果と改善に
かかるコストをともに考慮し，それらのバランスに配慮するべきである。

────────────────────────────────

[題 意]　測定の SN 比を利用したパラメータ設計の方法について問うもの。

[解 説]　標準を用いて校正したとき，測定の SN 比が大きいということは，測定
器の感度係数が大きく，指示値の誤差が小さいということである。**1** は正しい。

　測定の SN 比の特徴の一つに，測定器の出力値の単位が異なっていても，測定対象
量が同じであれば求めた校正後の誤差の大きさを（測定の優劣）SN 比で比較できるこ
とである。**2** は正しい。

　通常，測定器は環境変化に応じて誤差を生じるものである。測定環境を誤差因子と
して取り上げた実験を行い，測定の SN 比の比較によって環境変化に対して誤差の影
響を受けにくい測定器を選ぶことができる。ロバストな測定器とは環境変化などのノ
イズ（誤差）に対して強いという意味である。**3** は正しい。

　測定の SN 比の改善を目的として行う実験はパラメータ設計と呼ばれる方法である。
パラメータ設計の実験を行う場合は，パラメータとして測定の使用条件や測定器の設
定条件を制御因子として選ぶ。選んだ条件の水準を変えた組合せで実験を行い，各因
子の水準ごとのデータから SN 比を求める。実験の結果，SN 比の大きい水準の組合せ
を最適条件として選んだ測定システムが，ばらつきが最も小さく安定した測定システ
ムである。このような実験では制御因子を直交表に割り付けし，つぎに SN 比を求め
るための信号因子と誤差因子を直交表の外側の各行に割り付けする方法がとられる。
そのイメージ図を**表**に示す。信号因子と誤差因子の割付けを行う右側の表を外側配列
などという。これに対して，左の制御因子を割り付けた直交表の部分を内側配列とい
い，このような実験は直積実験計画と呼ばれている。**4** は誤り。

表　パラメータ設計の直交表 L_{18} と SN 比評価の割付け例（イメージ）

行番	A	B	C	D	E	F	G	H	M_1		M_2		M_3		SN比
	1	2	3	4	5	6	7	8	n_1	n_2	n_1	n_2	n_1	n_2	η
1	1	1	1	1	1	1	1	1	y_1						
2	1	1	2	2	2	2	2	2	y_2						
3	1	1	3	3	3	3	3	3	y_3						
4	1	2	1	1	2	2	3	3	y_4						
5	1	2	2	2	3	3	1	1	y_5						
6									y_6						
7									y_7						
8									y_8						
9									y_9						
10									y_{10}						
11									y_{11}						
12	2	1	3	2	2	1	1	3	y_{12}						
13	2	2	1	2	3	1	3	2	y_{13}						
14	2	2	2	3	1	2	1	3	y_{14}						
15	2	2	3	1	2	3	2	1	y_{15}						
16	2	3	1	3	2	3	1	2	y_{16}						
17	2	3	2	1	3	2	2	3	y_{17}						
18	2	3	3	2	1	1	2	3	y_{18}						

（表中の注記）内側配列（直交表）：パラメータを制御因子として割り付ける

外側配列：SN比を評価するための信号因子 M_i と誤差因子 n_i を割り付ける

　測定の SN 比は，測定または測定器の優劣を測定対象量の真の値として推定したときの誤差評価として表す指標であるが，本来，測定システムの最適化という目的を考える場合には，誤差の低減の効果とともにそれらに費やすコストも考慮し，全体としてのバランスを考えたシステムを構築することが重要である。**5** は正しい。

〔正　解〕　**4**

-----------　問 17　-----------

　製造工程の自動化と制御に関する次のア〜オの記述について，正しい記述の組合せを下の中から一つ選べ。

ア　今日では，多くのシステムについて自動化が図られているが，その方式はすべてフィードバック制御系の構成によるものである。

イ　自動制御系の設計・解析には，時間の関数である信号のラプラス変換により導出される伝達関数を用いることができる。

ウ　自動制御系の解析では，システムの動的特性でなく静的特性が解析の対象

となる。

エ 多くの制御要素の複合的結合により構成される制御系の解析には，伝達関
　　数に関する等価変換の手法を用いることができる。

オ インパルス応答法は，自動制御系の応答特性を調べるための一つの手法で
　　ある。

　1 ア，イ，ウ，オ

　2 ア，イ，エ

　3 イ，ウ，オ

　4 イ，エ，オ

　5 ウ，エ

[題　意]　自動制御の方式，伝達関数，動的特性などについて知識を問うもの。

[解　説]　自動化の方式には，フィードバック制御，シーケンス制御の二つに大き
く分けられるが，その他の制御として，フィードフォワード制御，定値制御，追従制
御などもある。記述アは誤り。

　伝達関数とは，システムへの入力を出力に変換する関数のことをいい，自動制御理
論の基本である。記述イは正しい。

　自動制御系の解析では，制御したい値と目標値の差が近いときは，その差を安定し
て最小になるような制御が必要であり静特性が重要である。反対に制御したい値と目
標値の差が大きいときは，短い時間で近づくような制御が必要で動特性が重要となる。
記述ウは誤り。

　多くの制御要素の複合結合により構成される制御系の解析は，ブロック線図によっ
て入出力の流れとブロックの中に伝達関数を記載して制御系を図で表して行うが，複
数の制御要素を等価変換してブロック線図を簡略化する方法がある。記述エは正しい。

　インパルス応答とは，自動制御系の過渡応答を調べる目的で使用される入力にイン
パルスと呼ばれる非常に短い信号を入力したときの出力の様子をいう。記述オは正し
い。

[正　解]　4

-------- 問 **18** --

0 ～ 200 ℃まで測定可能で，デジタル表示の最小表示単位が 0.1 ℃の温度計がある。この温度計を実現できる AD 変換器の最小ビット数を p とするとき，p ビットの AD 変換器で実現できるデジタル表示の測定器として正しいものを，次の中から一つ選べ。

1 測定範囲が 0 ～ 200 g で，最小表示単位が 10 mg の質量計

2 測定範囲が 0 ～ 100 mm で，最小表示単位が 10 μm のデジタルノギス

3 測定範囲が 0 ～ 20 N で，最小表示単位が 10 mN の力計

4 測定範囲が 0 ～ 500 kPa で，最小表示単位が 20 Pa の圧力計

5 測定範囲が 0 ～ 3 V で，最小表示単位が 1 mV の電圧計

題 意 AD 変換器のビット数と分解能の関係を問うもの。

解 説 0 ～ 200 ℃の測定を 0.1 ℃の最小表示で表すには 200 / 0.1 = 2 000，つまり 2 000 の分解能が必要である。2 000 を表すことができる AD 変換器のビット数は，2 000 を 2 進数で表した桁数である。2 000 を 2 進数化する方法を以下に示す。

$$2\,000 \div 2 = 1\,000 \quad 余り\ 0$$
$$1\,000 \div 2 = 500 \quad 余り\ 0$$
$$500 \div 2 = 250 \quad 余り\ 0$$
$$250 \div 2 = 125 \quad 余り\ 0$$
$$125 \div 2 = 62 \quad 余り\ 1$$
$$62 \div 2 = 31 \quad 余り\ 0$$
$$31 \div 2 = 15 \quad 余り\ 1$$
$$15 \div 2 = 7 \quad 余り\ 1$$
$$7 \div 2 = 3 \quad 余り\ 1$$
$$3 \div 2 = 1 \quad 余り\ 1$$
$$1 \div 2 = 0 \quad 余り\ 1$$

上記のように 2 進数化したい 10 進数の値を 2 で順次割っていき，商が 0 になったら余りの 1 と 0 を最後の行から最初のほうへと順に読み取った値が 2 進数化された数値である。つまり，2 000 の 2 進数表示は (11 111 010 000)₂ となる。桁数から 11 ビッ

トが必要であることがわかる。したがって，設問の p ビットの AD 変換器は 11 ビット数となる。また，11 ビットで実現できるデジタル表示の数は 2 の 11 乗 $= 2^{11} = 2 \times 2 \times 2 \times 2 \times 2 \times 2 \times 2 \times 2 \times 2 \times 2 \times 2 = 2\,048$ まで可能である。

各選択肢の分解能を表すと

1：$200\,\text{g} / 10\,\text{mg} = 200\,\text{g} / 0.01\,\text{g} = 20\,000$

2：$100\,\text{mm} / 10\,\text{μm} = 100\,\text{mm} / 0.01\,\text{mm} = 10\,000$

3：$20\,\text{N} / 10\,\text{mN} = 20\,\text{N} / 0.01\,\text{N} = 2\,000$

4：$500\,\text{kPa} / 20\,\text{Pa} = 500\,\text{kPa} / 0.02\,\text{kPa} = 25\,000$

5：$3\text{V} / 1\,\text{mV} = 3\,\text{V} / 0.001\,\text{V} = 3\,000$

となるので，$2\,048$ の表示で実現できるのは **3** となる。

[正 解]　**3**

---- 問 19 ----

コンピュータの利用に関する次の A ～ D の記述の正誤の組合せとして正しいものを，下の中から一つ選べ。

A　大量のデータの記録を目的に，コンピュータを利用することがある。

B　コンピュータに単純な繰り返し処理を行わせるとき，処理回数が大きくなるほど処理速度は遅くなる。

C　コンピュータを利用して，インターネットなどのネットワークを介した測定結果の共有を行ってはならない。

D　測定結果の解析におけるヒューマンエラーを少なくするために，コンピュータを利用することがある。

	A	B	C	D
1	正	正	正	誤
2	正	誤	誤	正
3	正	誤	正	正
4	誤	正	正	誤
5	誤	誤	誤	正

【題 意】 コンピュータの利用に関する知識について問うもの。

【解 説】 コンピュータを利用するメリットは，数値化されたデータの処理を超高速でできる，大量のデータの記録ができ高速で読み書きができる，処理にミスがない，などが挙げられる。したがって，記述 A，D は正しい。コンピュータは単純な繰り返し処理が得意であり，処理回数が大きくなっても処理速度は変わることがない。記述 B は誤り。

インターネットなどのネットワークを介して測定結果の共有を行うことで，さまざまな利用方法が期待できる。遠隔校正（e-trace）などのシステムはインターネットを利用した校正システムの例である。記述 C は誤り。

【正 解】 2

---- 【問】 20 --

ある機械を，修理をしながら使用した。ある期間中において，この機械の故障の記録を確認すると下図のようであった。なお，各故障後に行った修理に要する時間は，いずれの故障においても 3 時間であった。この期間中の機械の平均故障間動作時間（MTBF）として正しいものを，下の中から一つ選べ。

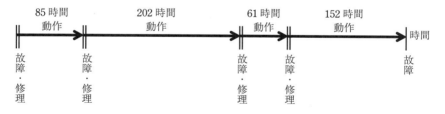

図　ある期間中での機械の故障状況の記録

1　12 時間
2　100 時間
3　125 時間
4　128 時間
5　500 時間

［題 意］　「JIS Z 8115 ディペンダビリティ（信頼性）用語」に関する用語のうち平均故障間動作時間（MTBF）について問うもの。

［解 説］　「JIS Z 8115 ディペンダビリティ（信頼性）用語」で定義されている「平均故障間動作時間（MTBF：mean time between failure）」とは，故障間動作時間の期待値である。つまり，使用するアイテムが故障したら修理して復帰させ，つぎに故障するまで稼働させるというサイクルにおいて，アイテムが稼働している時間の平均時間をいう。図で示すと以下のようになる。

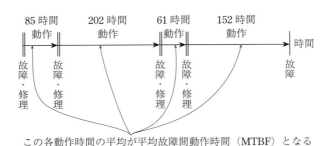

この各動作時間の平均が平均故障間動作時間（MTBF）となる

図　ある期間中での機械の故障状況の記録

したがって，(85 + 202 + 61 + 152) / 4 = 125 時間となる。

［正 解］　3

---- **［問］21** ---

次の文章は，ある生産ラインにおける工程改善のアプローチを記述したものである。品質管理で用いられる図の名称について，空欄（　ア　）～（　ウ　）に入る語句の組合せとして正しいものを，下の中から一つ選べ。

不良品の発生率を減らすため，現在の不良品の発生状況を現象別に（　ア　）で分類したところ，ある現象だけで不良全体の約 80％を占めていることがわかった。その原因を探るべく，関係者を集め，4M と呼ばれる作業者（Man），設備（Machine），材料（Material），製造方法（Method）の観点で意見を出し合い（　イ　）にまとめた。

次に，（　イ　）で洗い出した各項目が不良の発生にどれだけ影響しているか

を把握するため，項目ごとに水準を設定した実験を行い，この実験結果に基づいてより大きな改善が期待できる項目に対策を講じた。その後，対策の効果を確認するため，（　ウ　）を用いて不良率を経時的にプロットし，不良の発生状況を日々監視している。

	（ア）	（イ）	（ウ）
1	ヒストグラム	特性要因図	管理図
2	ヒストグラム	要因効果図	箱ひげ図
3	パレート図	要因効果図	箱ひげ図
4	パレート図	特性要因図	管理図
5	パレート図	要因効果図	管理図

題意 品質管理で用いられる QC の七つ道具のうち図法に関して知識を問うもの。

解説 生産ラインの工程の改善を試みる場合，まず工程で発生している不良品の発生状況の把握をし，どの現象から手をつけたら有効であるかを調べる必要がある。それを調べるのにはパレート図を用いた分析が有効である。**図1**に示した例のようにパレート図は縦軸に現象の件数を，横軸にはその件数の多い順に現象項目をとって並べた，棒グラフと累積を示す折れ線グラフからなる図である。

つぎに，上記のパレート図でわかったおもな不良品発生となる現象項目について，問題を引き起こしている要因（4M）について広い視野で意見を出し合い，不良発生に影響している項目を抽出するために用いるのが**図2**の特性要因図である。特性要因図とは問題を引き起こしている要因を広い視野でもれなく抽出するために用いる図である。

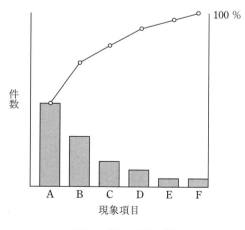

図1 パレート図の例

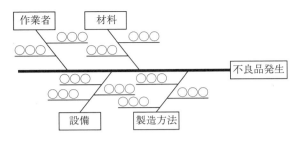

図2 特性要因図の例

よって，（ア）にはパレート図，（イ）には特性要因図が入る。

工程で生じる不良率の状況を監視するために用いる p 管理図は，計数値のデータにより不良率を特性とした管理図である。よって（ウ）には管理図が入る。

ヒストグラムとは，データの分布状態を把握したいときに用いるものである。全体の中心，ばらつきの程度などがわかる。

要因効果図とは，実験計画法によって得られた結果を要因の水準ごとの効果を折れ線グラフで表したものである。要因の水準ごとに特性値の平均をプロットすることで，水準の変化に対して特性値の平均がどの程度変化するかを見ることができる。

ヒストグラムは，データの存在する範囲をいくつかの区間に分け，その区間に属するデータの発生個数をグラフ化したものである。データの分布状態の形，全体の中心，ばらつきを視覚的に分析できる。

箱ひげ図とは，その名のとおり「箱」と「ひげ」によって構成される，データのばらつきを可視化するための図式である。**図3**に例を示す。

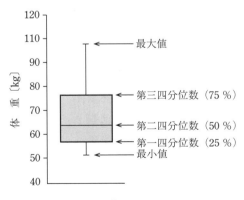

図3 箱ひげ図の例

〔正 解〕 **4**

-------- 問 **22** --

次のAからCは，サンプリングについて説明した文章である。AからCの説

明の正誤の組合せとして正しいものを，下の中から一つ選べ。

A 集落サンプリングは，母集団をいくつかの集落に分け，全集落からいくつかの集落をランダムに選び，選んだ集落に含まれるサンプリング単位をすべて取るサンプリングである。

B 層別サンプリングは，母集団をいくつかの層に分け，全部の層からいくつかの層をランダムに選び，選んだ各層から一つ以上のサンプリング単位をランダムに取るサンプリングである。

C 系統サンプリングは，母集団中のサンプリング単位が，生産順のような何らかの順序で並んでいるとき，一定の間隔でサンプリング単位を取るサンプリングである。

	A	B	C
1	正	正	誤
2	誤	正	誤
3	正	誤	誤
4	誤	正	正
5	正	誤	正

〔**題 意**〕 サンプリングの種類とその内容について問うもの。

〔**解 説**〕 集落サンプリングとは，母集団をいくつかの集落に分割し，全集落からいくつかの集落をランダムに選び，選んだ集落に含まれるサンプリング単位をすべて取るサンプリングである。例えば，ある県の所得調査を行う場合，県には市が10あり，5町／市の規模であったとして，10の市から三つの市をサンプリングして，選んだ市の町はすべて調査を行う場合である。記述 A は正しい。

層別サンプリングとは，母集団を層別し，各層から一つ以上のサンプリング単位をランダムに取るサンプリングである。例えば，対象者を性別，年代でグループ分けして，それぞれのグループからランダムに抽出した人にアンケートを実施する場合などがある。つまり，全部の層からサンプリングする方法である。記述 B は誤り。

系統サンプリングとは，母集団のサンプリング単位が生産順のような何らかの順序で並んでいるとき，一定の間隔でサンプリングする方法をいう。例えば，ある製造工

程では 100 個／日の製品を製造しているとし，最初の製品を 1 番，最後の製品を 100 番として，10 番ごとに 10 個サンプリングする場合などである。記述 C は正しい。

[正 解] 5

----- [問] 23 -----------

次の図は，ある工業製品における生産工程の管理状態を $\overline{X}-R$ 管理図で示したものである。この状態の解釈及び対応として，誤っているものを下の中から一つ選べ。

ただし，図の上側は平均 $\overline{X}$，下側は範囲 R の時間推移をそれぞれ表す。

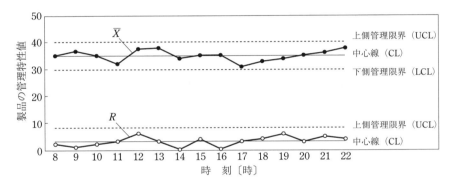

図　ある工業製品における生産工程の $\overline{X}-R$ 管理図

1　この工程は統計的管理状態にある。

2　平均 $\overline{X}$ 及び範囲 R が管理限界の内側にあっても，規格から外れた製品が発生している可能性はある。

3　17 時以降，平均 $\overline{X}$ に連続した上昇が見られるため，工程に異常がないかを調査することが望ましい。

4　範囲 R に 0 近傍の点がいくつか見られるため，直ちに生産を停止し，これまで生産した製品を全数検査するとともに，測定器の校正を実施する。

5　さらなる安定生産に向け，管理限界を見直すことがある。

[題 意]　$\overline{X}-R$ 管理図の内容について問うもの。

〔解 説〕 $\overline{X} - R$ 管理図は，平均値の変化を見る $\overline{X}$ 管理図とばらつきの変化を見る R 管理図が上下に対応し両者を併用する管理図で，計量値の管理図の代表的なものである。

設問で示された管理図から，平均 $\overline{X}$，範囲 R ともに管理限界内で推移しているから工程は管理状態にあるといえる。**1** は正しい。

設問の管理図のように，平均 $\overline{X}$，範囲 R ともに管理限界内であっても，例えば管理限界線を工程のばらつき（標準偏差）の 3 倍（3 シグマ）として設定した場合には，0.3 % の確率で管理限界を超える可能性があるため，規格から外れた製品が発生する可能性はある。**2** は正しい。

管理図では，平均 $\overline{X}$ がたとえ管理限界内であったとしても，点の動きを見て工程の異常を検出することができる。設問の管理図では 17 時以降は平均 $\overline{X}$ が連続して上昇している。このような動きのときは工程に何らかの異常がある可能性があるので調査をすることが望ましいといえる。**3** は正しい。

$\overline{X} - R$ の R は n 個の観測値からなる群の中の最大値から最小値を引いた範囲（R）である。R 管理図の群の大きさ n が 6 以下の場合は下方管理限界 LCL は考えない。R が 0 近傍にあることは特に異常とはいえない。**4** は誤り。

管理図の管理限界の決定は，一度決めたら固定するのではなく，工程の状態等の変化に応じて定期的に見直すことも必要である。**5** は正しい。

〔正 解〕 4

------ **問 24** ------

工程管理のために行われる測定に関する次の記述の中から，誤っているものを一つ選べ。

1 一定時間毎にサンプリングした製品を測定したデータのばらつきには，製品のばらつきと測定のばらつきが含まれている。

2 工程管理の目的で使用する測定器は，工程の管理幅を考慮して選択する必要がある。

3 工程の管理では，常に，製品の仕様で定められたすべての特性をすべての製品について測る必要がある。

4　工程内で使用される測定器の安定性を確認する方法の一つに，特性値の安定性が確認された製品を実物標準とし，これを定期的に測定する方法がある。

5　これまで生産した製品の特性値の目標値からのずれが，その許容差に比べ十分に小さい場合でも，工程の稼働状態を調べるための測定を実施すべきである。

[題 意]　工程管理において行う測定に必要な知識，測定結果の製品特性値への影響について問うもの。

[解 説]　工程において製品の特性値が目標とする値（設計値）になるように，一定時間ごとにサンプリングした製品を測定して製品の特性値を管理する方法が，オンライン計測管理と呼ばれる管理方法である。製品の特性値を測定したデータのばらつきには，製品自体のばらつきと測定器に起因するばらつきが合成されて現れる。**1** は正しい。

工程管理で使用する測定器に必要な精確さは，工程の管理幅として設定する測定対象の製品特性値の管理基準より良いことが求められる。**2** は正しい。

工程管理を行う対象の製品特性は，製品の仕様のうち製品品質に影響する項目を選ぶ必要がある。すべての特性を測る必要はない。**3** は誤り。

工程で測定する環境条件は必ずしも良好な状態とは限らない。環境条件が大きく変化するような現場で使用する場合，測定器の変動を管理する方法の一つとして実物標準を定期的に測定しチェックする方法がある。これは現場の環境条件が標準状態と大きく異なるときに有効な方法であり，実物標準として実際の製品を用いる。**4** は正しい。

工程における計測管理のおもな目的は，製品の特性値が目標値どおり製造できるように管理することである。たとえ工程で不良品が発生する確率が低い場合であっても，測定をまったく行わないとするより，工程の稼働状態を監視や工程能力の推移を調べるために，コストを考慮して定期的に測定を行い，工程の状態を管理するほうが良いといえる。**5** は正しい。

[正 解]　3

---- 問 25 ----

標準化に関する下の記述の中から誤っているものを一つ選べ。

1 製造工程を標準化することにより，短期的に製品の性能を必ず向上させることができる。

2 部品やプロセスを統一することにより，製品製造のコスト削減を図ることがある。

3 検査者により検査結果が異なることを防ぐために，検査手順を標準化することがある。

4 複数の製品を接続して用いる場合に，それぞれの製品が問題を引き起こすことなく全体として機能するように，製品間の接続方法の標準化を行うことがある。

5 製品やサービスまたその運用によって生じる危害を防ぎ，安全を実現することは，標準化の目的の一つになり得る。

［題 意］ 製造工程において標準化を進める場合の考え方について問うもの。

［解 説］ 標準化の目的は，情報の伝達の正確さかつ迅速化，技術と業務の蓄積・向上と伝承，管理基準の明確化，互換性の確保，品質の安定・向上，単純化の促進，業務の能率化などが挙げられる。標準化することで製品の品質を安定化することは期待できるが，製品の性能を必ず向上させるものではない。**1** は誤り。

使用する部品やプロセスを統一することで，全体の合理化が図れることにより製品製造のコスト削減が期待できる。**2** は正しい。

製品検査において外観検査など定量化が難しい作業では，検査見本のような具体的判定基準の製作により，標準化することは有効な方法である。**3** は正しい。

複数の製品の接続方法を統一することは標準化の目的に合っており全体としての機能向上が期待できる。**4** は正しい。

標準化の効果にはさまざまあるが，複雑化する業務運用を単純化，秩序化を図ることで危害の防止や安全の確保の実現に寄与することが期待できる。**5** は正しい。

［正 解］ 1

2.3 第70回（令和元年12月実施）

---- 問 1 ----

「JIS Z 8103 計測用語」で定義されている用語「計測」,「計量」, および「測定」に関する次の（ア）から（ウ）の記述について, 記述内容の正誤の組合せとして正しいものを, 下の **1** から **5** の中から一つ選べ。

（ア）計測とは, 特定の目的をもって, 測定の方法及び手段を考究し, 実施し, その結果を用いて所期の目的を達成させることである。

（イ）計量とは, 社内的に取り決めた測定標準を基礎とする計測のことである。

（ウ）測定とは, ある量をそれと同じ種類の量の測定単位と比較して, その量の値を実験的に得るプロセスのことである。

	（ア）	（イ）	（ウ）
1	正	正	正
2	正	正	誤
3	正	誤	正
4	誤	正	誤
5	誤	誤	正

題 意 「JIS Z 8103 計測用語」で定義されている「計測」,「計量」,「測定」の内容について知識を問うもの。

解 説 「JIS Z 8103 計測用語」は, 2019年に改訂され, 各用語のうち一部について少し定義の記述が変更された。「測定」の定義については記述が少し変更された用語の一つである。各用語の定義と注記を**表**に示す。

設問（イ）の計量に関する定義における「社内的に取り決めた…」は間違いで「公的に取り決めた…」が正しい。よって,（ア）と（ウ）は正しくて,（イ）が誤りである。

表　各用語の定義と注記

用　語	定義と注記
計　測	特定の目的をもって，測定の方法及び手段を考究し，実施し，その結果を用いて所期の目的を達成させること。 注記 "計測" の対応英語として用いられることがある "metrology" は，この規格では "計測学" に対応させた。
計　量	公的に取り決めた測定標準を基礎とする測定。 注記 "計測" の対応英語として用いられることがある "metrology" は，この規格では "計測学" に対応させた。
測　定	ある量をそれと同じ種類の量の測定単位と比較して，その量の値を実験的に得るプロセス。 注記 1 測定は，測定結果の利用目的にかなう量の記述，測定手順，その手順に従って動作する校正された測定システムの存在が前提となる。 注記 2 一般に，測定で得られる結果は単一の値ではなく，注記 1 に記載した前提の下でその量に合理的に結びつけることが可能な値すべての集合と考える。 注記 3 ある量と測定単位との比較は，間接測定においては，その量に関連する他の種類の量の測定を通じて間接的に行われる。 注記 4 事物の計数は次元 1 の量の測定単位との比較であり，測定の一種とみなされる。 注記 5 測定は，名義的性質には適用されない。
計測管理	計測の目的を効率的に達成するため，計測の活動全体を体系的に管理すること。 注記 分野によっては "計量管理" ともいう。
計測学	測定および応用の科学。 注記 1 計測学は，測定の不確かさの大きさ，および適用分野に関係なく，測定のすべての理論的および実際的側面を含む。 注記 2 "metrology" は，"測定学"，"計量学" または "計量計測" とも訳される。

〔正　解〕　3

---- 〔問〕2 ----

　計測管理について述べた次の文章のうち，（ア）から（ウ）の空欄にあてはまる語句の組合せとして正しいものを，下の **1** から **5** の中から一つ選べ。

　計測管理とは，「計測の目的を効率的に達成するため，計測の活動全体を体系的に管理すること」（「JIS Z 8103 計測用語」）である。その中では，計測の活動の中核である測定を確実に行うために，測定の計画において，計測の目的に合

わせて測定すべき対象と測定すべき特性を選択し，測定方法，測定条件及び測定器の選定などを適切に行うことが必要である。また，測定器をトレーサビリティの確保された測定標準によって校正することにより，測定結果の（　ア　）を確保することができる。さらに，測定結果の不確かさを評価することにより，測定の（　イ　）を定量的に知ることができる。最後に，測定の実施により得られた結果を評価し，関連する部署と共に，対策を決め，それを実施することによって計測の目的が達成される。このことによって，計量法第1条に規定された計量法の目的である「経済の発展及び（　ウ　）の向上に寄与すること」ができる。

	（ア）	（イ）	（ウ）
1	普遍性	信頼性	文化
2	独自性	真度	技術
3	独自性	真度	文化
4	独自性	信頼性	技術
5	普遍性	真度	文化

〔題 意〕　計測管理の進め方における基本的な考え方について理解を問うもので，測定結果の信頼性の確保の方法および計量法第1条の記述の知識についても問うもの。

〔解 説〕　計測管理とは計測のプロセスを効率的に活動することが重要であるが，計測を進める場合の流れを考えると以下のような流れを明らかにすることが大事である。

①　何のための測定か？…目的を明らかにする

②　何を測るか？…特性値を決める

③　何で測るか？…測定器を選ぶ

④　どのように測るか？…測定の方法を決める

⑤　測定結果は目的に対してどうであったか？…目的に対しての評価・判定を行う

上記の流れにおいて，測定結果が最終的に評価・判定等の根拠となるため，測定結果の信頼性が重要になる。測定結果の信頼性とは，言い換えれば，同じ測定対象の量は，同じ条件であればいつどこでも不確かさ以内で一致する測定結果が得られるとい

うことである。つまり，測定結果に普遍性があるということである。そのために必要なことは，まず使用する測定器はトレーサビリティの確保された測定標準によって校正しておくことである。そうすることにより，普遍性^(ア)を確保することに繋がる。さらに，測定結果の不確かさを評価しておくことで測定の信頼性^(イ)を定量的に知ることができる。

計量法の第1条には，計量法の目的である「経済の発展及び文化^(ウ)の向上に寄与すること」が規定してある。

〔正 解〕 1

-------- **問 3** --------

計測管理に関する次の記述の中から，誤っているものを一つ選べ。

1 計測管理では，生産現場で使用される測定器の管理だけでなく，計測の目的に沿った測定の計画から実施・活用までの一連の活動を体系的に管理する。

2 計測の目的にしたがって測定すべき特性を決めるとき，その特性は法律に定められたものだけが対象になるとは限らない。

3 計測管理では，測定結果の信頼性を向上させるだけでなく，測定結果の活用に取り組むことが重要である。

4 生産における計測には，研究開発・設計・製造準備等で行われるオフライン計測と，製造現場における工程で実施されるオンライン計測がある。

5 企業内の研究開発のために実施される測定では，国際規格または日本産業規格（JIS）で定められた測定機器と測定方法を選択する必要がある。

〔題 意〕 計測管理で行うべき内容について問うもの。生産における計測や企業の研究開発における計測についての理解が問われている。

〔解 説〕 測定器の管理は計測管理における一つの役割にすぎない。基本的なことは，計測の目的に沿った測定結果を効率よく体系的に活動できるように，計画・活用できることが計測管理の目的といえる。1 は正しい。

計測には目的があり，その目的を達成するために，まず何を測るかという測定対象

の特性を決めなければならない。特性の決定は計測の目的に応じた測定量となる。計量法などの法律で定められたものだけが測定量になるとは限らない。**2** は正しい。

計測では得られた測定結果から，その計測の目的に対してどうであったかという結論，判定などの評価を行うことが重要である。よって，測定結果の信頼性が向上するような測定の計画を立て，実施することは計測管理の大事な役割である。また，測定結果は単に値の決定と明示だけではなく，得られた測定結果を活用することも計測管理の役割であり，活用することで計測による新たな情報や価値を生むことも考えられる。**3** は正しい。

オフライン計測とは，生産分野において製品の研究開発・設計・製造準備段階で行う計測をいい，量産に入るまでに計測に関わるシステムの条件などを決定するための計測である。一方，オンライン計測とは，製造のための工程内で行う計測をいい，製品が設計した特性値が得られるように行う計測である。**4** は正しい。

国際規格（ISO，IEC など）または日本産業規格（JIS）で定める測定機器や測定方法は国家間または国内に共通な標準規格を提供し，世界貿易や技術基準の共有化を促進している。よって，一般的には任意の標準であるが，ときとして法規などに引用される場合があり，その場合には強制力を持つ。計量法においては計量器の基準を JIS の規格を引用している例がある。しかしながら，企業内の研究開発のために実施する測定には，こうした公的な標準を利用することを強制されるものではない。企業の目的に適応した測定方法で行えばよい。**5** は誤り。

〔正 解〕　**5**

-------- 〔問〕**4** ---

国際単位系（SI）に関する次の記述の中から，正しいものを一つ選べ。

1　SI における基本量は質量，電流，熱力学温度，物質量の四つから構成される。

2　SI 基本単位に対する正式な定義は国際度量衡総会（CGPM）によって採択される。

3　電流を表す SI 基本単位は V（ボルト）である。

4　熱力学温度を表す SI 基本単位は℃（セルシウス度）である。

5 固有の名称と記号を持つ SI 単位は SI 基本単位である。

[題 意] 国際単位系（SI）の基本単位に関する知識を問うもの。

[解 説] 国際単位系（SI）の基本単位は**表1**のとおり四つではなく七つから構成されている。**1** は誤り。

表1 国際単位系（SI）の基本単位

基本量	基本単位	
	名　称	記　号
長　さ	メートル	m
質　量	キログラム	kg
時　間	秒	s
電　流	アンペア	A
熱力学温度	ケルビン	K
物質量	モル	mol
光　度	カンデラ	cd

　国際単位系（SI）は，国際度量衡総会（CGPM）によって採択された，一連の接頭語の名称及び記号を含めた単位の名称および記号，ならびにその使用規則を含む，国際量体系に基づく単位系である。**2** は正しい。

　電流を表す SI 基本単位は上記表のとおり A（アンペア）である。**3** は誤り。

　熱力学温度を表す SI 基本単位は K（ケルビン）である。**4** は誤り。

　SI 基本単位は固有の名称と記号で表すものもあれば，表さないものもある。**5** は誤

表2 固有の名称と記号を持つ SI 組立単位

組立量	固有の名称と記号を持つ SI 組立単位	
	名　称	記　号
力	ニュートン	N
圧力・応力	パスカル	Pa
エネルギー・仕事・熱量	ジュール	J
効率・放射束	ワット	W
電荷・電気量	クーロン	C
電位差（電圧）・起電力	ボルト	V
静電容量	ファラド	F
電気抵抗	オーム	Ω
照度	ルクス	lx

り。固有の名称と記号を持つ SI 単位とは SI 組立単位で表される単位をいう。その例を**表 2** に示す。

[正 解] 2

------- 問 5 -------

測定誤差に関する次の記述の中から，誤っているものを一つ選べ。

1 測定誤差とは，測定値から真の値を引いた値であり，その符号も含まれる。

2 総合誤差とは，種々の要因によって生じる誤差成分のすべてを含めた総合的な誤差である。

3 ばらつきとは，測定値がそろっていないこと，又はふぞろいの程度である。

4 偶然誤差とは，反復測定において，予測が不可能な変化をする測定誤差の成分である。

5 繰返し性とは，異なる測定場所，異なるオペレータ，異なる測定システム，及び同一又は類似の対象についての反復測定の精密さである。

[題 意] 測定誤差に関する用語の知識と理解を問うもの。

[解 説] 「JIS Z 8103 計測用語」による測定値の誤差に関する用語の定義は以下の**表**のとおりである。

表 「JIS Z 8103 計測用語」による測定値の誤差に関する用語の定義

用 語	定 義
測定誤差	測定値から真の値を引いた値
総合誤差	種々の要因によって生じる誤差成分のすべてを含めた総合的な誤差
ばらつき	測定値がそろっていないこと。また，ふぞろいの程度。
偶然誤差	反復測定において，予測が不可能な変化をする測定誤差成分。
繰返し性	一連の測定の繰り返し条件の下での測定の精密さ。

測定誤差の場合，測定した値が，真の値より大きくなった場合はプラス（＋），真の値より小さくなった場合はマイナス（－）の符号が付く。

偶然誤差と対比の「系統誤差」は反復測定において，一定のままであるか，または予測可能な変化をする測定誤差の成分である。

繰返し性の定義で示す繰り返し条件とは，同一の測定手順，同一オペレータ，同一測定システム，同一操作条件および同一の場所，ならびに短期間での同一または類似の対象についての反復測定を含む一連の条件から構成される測定の条件と規定されている。よって，**5** は誤り。

〔正 解〕 5

── 問 6 ──────────────────

測定の不確かさに関する次の記述の中から，正しいものを一つ選べ。

 1 ある物体の質量を複数回の繰返し測定によって求めた。その結果，測定値のばらつきがなかったので，その質量の測定結果の不確かさをゼロとした。

 2 不確かさの評価において，測定作業中に生じた測定対象量の変化は不確かさの要因になり得ない。

 3 校正結果の不確かさには，校正に使用した測定標準の値の不確かさが含まれる。

 4 測定の不確かさは，その測定で考えられるすべての不確かさ要因についてばらつきを評価する実験を実施しなければ評価できない。

 5 測定データの記録ミスも不確かさの要因である。

〔題 意〕 測定の不確かさの基本的な理解と不確かさを求める方法について問うもの。

〔解 説〕 測定の不確かさの要因には，その測定に使用する測定器に起因するもの，測定環境によるもの，測定条件によるものなどの様々な要因が考えられる。測定器に起因する不確かさ要因には，測定器が校正されたときの不確かさ，測定時のばらつきなどが考えられる。繰り返し測定によるばらつきがないとしてもその他の要因による不確かさはいくつも考えられる。**1** は誤り。

測定作業中に生じる測定対象の変化は，結果的に測定結果に影響することになり不

確かさの要因になる。**2** は誤り。

測定器の校正には測定標準が必要であり，校正結果の不確かさには当然測定標準の不確かさが含まれることになる。**3** は正しい。

測定の不確かさの評価方法として，実験的データから統計的解析で評価する方法（これをタイプ A 評価という）とそれ以外の根拠のある情報から評価する方法（これをタイプ B 評価という）がある。よって，不確かさ評価は実験から求める以外の方法でもよい。**4** は誤り。

不確かさの要因は測定上で生じる事象に基づくものであり，測定データの記録ミスは不確かさ要因にはならない。**5** は誤り。

〔正 解〕 3

---- **問 7** ----

ある測定器を用いて，それぞれ 4 個の値からなる 5 組の指示値を得た。標本分散が最も大きな値を示す組はどれか。次の中から一つ選べ。

1 0.125,   0.225,   0.325,   0.425

2 1.250,   2.250,   3.250,   4.250

3 5.125,   10.225,   15.325,   20.425

4 12.500,   22.500,   32.500,   42.500

5 51.250,   52.250,   53.250,   54.250

〔題 意〕 分散の公式・性質について知識を問うもの。

〔解 説〕 確率変数 X の分散 $V[X]$ の公式を以下に示す。

$$V[aX] = a^2 V[X] \tag{1}$$

$$V[X + a] = V[X] \tag{2}$$

$$X と Y が無相関なら，\ V[X + Y] = V[X] + V[Y] \tag{3}$$

式 (1) は確率変数に a 倍された変数の分散は a の 2 乗になるということである。

式 (2) は定数 a が足されても（あるいは引いても）分散は変わらないということである。

式 (3) は確率変数の和は分散の和となるということである。いわゆる分散の加法性を表している。

上記に示す公式を前提に選択肢に示す 5 組の指示値について分散の大きさを整理す

る。ここで，**1**〜**5** の分散を V_1〜V_5 と表す。

2 の指示値は **1** の 10 倍であり，**4** の指示値は **2** の 10 倍である。よって，**1** と **2** は **4** より小さく該当から外れる。つぎに，**5** は **2** の指示値から 50 を足した指示値であるから分散は **2** と同じ値になるから **4** より小さい。

残った **3** と **4** を分解してみる。**3** は $5 + 0.125, 10 + 0.225, 15 + 0.325, 20 + 0.425$ と置き換えられる。ここで，$5, 10, 15, 20$ の分散を V_{5n} とすると，**3** の分散は $V_3 = V_1 + V_{5n}$ とおくことができる。

4 は定数 2.5 を引くと $10, 20, 30, 40$ となり，この分散は V_3 を分解したときの V_{5n} の指示値を 2 倍した指示値になる。つまり，分散は 2^2 倍になるから $V_4 = 4 \times V_{5n}$ とおくことができ，$V_{5n} = V_4/4$ である。一方，**1** の分散 $V_1 = V_4/100^2$ であるから分散 V_3 は

$$V_3 = \frac{V_4}{100^2} + V_{5n} = \frac{V_4}{100^2} + \frac{V_4}{4} < V_4$$

となる。よって，V_4 は V_3 より大きい。

この問題のように変数が等間隔である場合には，ばらつきを表す指標の一つである範囲 R（最大値と最小値の差）によっても解答が得られる。

〔正解〕 4

------ **問 8** ------

母平均が μ，母分散が σ^2 である母集団から n 個の標本 x_i $(i = 1, 2, \cdots, n)$ を得た。これらの標本平均を $\bar{x}$，標本分散を s^2 としたとき，選択肢の名称と数式との組合せとして正しいものを，次の **1** から **5** の中から一つ選べ。

名称	数式
1 標本平均 $\bar{x}$ の期待値	$\dfrac{\sum_{i=1}^{n} x_i}{n}$
2 標本平均 $\bar{x}$ の分散	$\dfrac{\sigma}{\sqrt{n}}$
3 標本平均 $\bar{x}$ の分散の推定値	$\dfrac{s^2}{n}$
4 標本分散 s^2 の自由度	$\sqrt{n}$
5 標本 x_i の母標準偏差の推定値	σ

〔題 意〕　母集団から得た標本の平均，分散，自由度について知識を問うもの。

〔解 説〕　母平均が μ，母分散が σ^2 である母集団から n 個の標本 x_i $(i = 1, 2, \cdots, n)$ を得たときの平均，分散，自由度，標準偏差に関する問題であるが，選択肢で示される統計的用語に注意する必要がある。

標本平均 $\overline{x}$ の期待値は母平均 μ である。示された数式は標本平均を求める計算式を表している。**1** は誤り。

標本平均 $\overline{x}$ の分散を表す数式は $\dfrac{\sigma^2}{n}$ である。**2** は誤り。

標本平均 $\overline{x}$ の分散の推定値は $\dfrac{s^2}{n}$ である。**3** は正しい。

標本分散 s^2 の自由度は，$n-1$ である。**4** は誤り。

標本 x_i の母標準偏差の推定値は s である。**5** は誤り。

〔正 解〕　**3**

------- 〔問〕**9** -------

40 人の男子をサンプルとして，それぞれの身長と体重を測定した。身長（単位 cm）を横軸，体重（単位 kg）を縦軸にとって散布図を描いたところ図のようになった。これら 40 組の身長と体重の間の標本相関係数の値として適切なものを，下の **1** から **5** の中から一つ選べ。

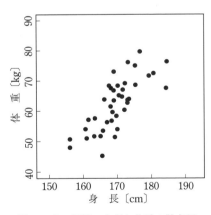

図　40 人の男子の身長と体重の散布図

1　0.8

2　1.1

3　0.8 kg / cm

4　1.1 kg / cm

5　1.1 cm / kg

〔題 意〕　相関係数の性質についての知識を問うもの。

〔解 説〕　相関係数とは，2 種類の変数の関係を示す指標である。相関の様子を視

覚的に観る方法として散布図が利用される。また，2 変数の関係を定量的に示す相関
係数 r は以下の式で求められる。

$$r = \frac{S_{xy}}{S_x S_y}$$

$$= \frac{\dfrac{1}{n}\sum_{i=1}^{n}(x_i - \overline{x})(y_i - \overline{y})}{\sqrt{\dfrac{1}{n}\sum_{i=1}^{n}(x_i - \overline{x})^2}\sqrt{\dfrac{1}{n}\sum_{i=1}^{n}(y_i - \overline{y})^2}}$$

上式からもわかるように相関係数 r は無単位となる。つまり，比で求められる係数
である。また，相関係数は -1 から 1 までの値（$-1 \le r \le 1$）を取ることから，**1** が
正しいことが判明する。

(正 解) **1**

──── (問) **10** ────────────────────────────────

繰返しのある一元配置の実験を行い，得られた測定データから以下の分散分
析表をまとめる。この分散分析表の中の V_A，V_e，及び F_0 の計算式の組合せと
して正しいものを，下の **1** から **5** の中から一つ選べ。

分散分析表

要因	平方和	自由度	平均平方和（分散）	分散比
因子 A	S_A	f_A	V_A	F_0
誤差 e	S_e	f_e	V_e	
合計 T	S_T	f_T	—	

	V_A	V_e	F_0
1	$\dfrac{S_A}{f_A}$	$\dfrac{S_e}{f_e}$	$\dfrac{V_A}{V_e}$
2	$\dfrac{S_A}{f_A - 1}$	$\dfrac{S_e}{f_e - 1}$	$\dfrac{V_e}{V_A}$
3	$\dfrac{S_A}{f_A - 1}$	$\dfrac{S_e}{f_e}$	$\dfrac{V_A}{V_e}$
4	$\dfrac{S_A}{f_A}$	$\dfrac{S_e}{f_e - 1}$	$\dfrac{V_A}{V_e}$

5 $\dfrac{S_A}{f_A}$ $\dfrac{S_e}{f_e}$ $\dfrac{V_e}{V_A}$

【題 意】 繰り返しのある一元配置の分散分析表作成のための計算に関する知識を問うもの。

【解 説】 設問の一元配置の分散分析表における平均平方和（分散）は平方和を自由度で除して計算するから

$$V_A = \frac{S_A}{f_A}, \qquad V_e = \frac{S_e}{f_e}$$

となる。つぎに分散比は

$$F_0 = \frac{V_A}{V_e}$$

で求める。

【正 解】 **1**

------ 問 11 ------

測定標準とトレーサビリティに関する次の記述の中から，誤っているものを一つ選べ。

1 ある測定値が国家標準にトレーサブルであるための条件の一つは，測定に使用する測定器についてトレーサビリティが確保された校正を行なうことである。

2 測定のトレーサビリティを確保しておくと，どの測定器を使用しても，同一測定対象の測定値が不確かさの範囲内で一致することが期待できる。

3 ある測定器の校正証明書に不確かさが記載されていれば，その測定器で得た測定値は国家標準にトレーサブルであるといえる。

4 測定のトレーサビリティを確保する目的は，測定値のばらつきをゼロにすることではない。

5 分析計を用いた濃度の測定において，トレーサビリティを確保するための測定標準として，認証標準物質を利用することができる。

【題 意】　測定標準とトレーサビリティに関する基礎的な理解を問うもの。

【解 説】　測定のトレーサビリティとは「JIS Z 8103 計測用語」において，「個々の校正が不確かさに寄与する，切れ目なく連鎖した，文書化された校正を通して，測定結果を参照基準に関係付けることができる測定結果の性質」と定義されている。

測定結果のトレーサビリティの確保には，上記定義のとおり，測定に使用する測定器についてトレーサビリティが確保された校正を行うことが必要である。**1** は正しい。

トレーサビリティが確保されている校正をされた測定器であれば，同一の測定対象を測った値は，どの測定器であっても不確かさの範囲内で一致することが期待できる。このことはトレーサビリティを確保する大きな目的でもある。**2** は正しい。

トレーサビリティが確保されるには，測定器の校正によって不確かさが評価されていればよいということではなく，校正に使用される測定標準が測定単位の定義に基づいた参照基準に繋がっていることが要件である。**3** は誤り。

トレーサビリティを確保する目的の一つには，同一測定対象の測定値はどこで・誰が・いつ得ても不確かさの範囲内で一致することを実現することにある。測定値のばらつきをゼロにすることとは関係ない。通常，どんな測定においても得られる値はばらつくものである。**4** は正しい。

認証標準物質とは，不確かさが伴う特性の値とともに，権威ある機関から発行された，トレーサビリティが取れている旨の認証文書が添えられている標準物質である。分析計などのトレーサビリティ確保に用いられる参照基準である。**5** は正しい。

【正 解】　**3**

-------- 【問】**12** --------

測定標準とトレーサビリティに関する次の（ア）から（ウ）の記述について，内容の正誤の組合せとして正しいものを，下の **1** から **5** の中から一つ選べ。

（ア）民間の校正事業者が国家標準に対するトレーサビリティを確保するためには，使用する測定器が国の計量標準機関で校正されている必要がある。

（イ）ある測定器について，従来よりも不確かさが小さい校正証明書を新たに取得することによって，その測定器の測定値の偶然誤差を低減することができる。

（ウ）ある測定器を用いた測定において，従来よりも繰返し測定の回数を増して平均値を算出し測定値とする。このようにしても，測定値の不確かさはその測定器の校正の不確かさよりも小さくならない。

（ア）（イ）（ウ）

	（ア）	（イ）	（ウ）
1	正	正	正
2	正	正	誤
3	誤	正	誤
4	誤	誤	誤
5	誤	誤	正

〔題 意〕 トレーサビリティおよび不確かさの意味に関する理解を問うもの。

〔解 説〕 校正事業者が国家標準に対するトレーサビリティを確保するには，使用する測定器を国家計量標準機関で校正するか，あるいは国家標準に対してトレーサビリティを確保している校正事業者で校正するかである。（ア）の記述は誤りである。

測定器の校正の不確かさには，ばらつきによる偶然誤差のほかにも校正環境の影響，校正に用いる参照標準の不確かさ，測定器の分解能による不確かさ等の要因が存在する。よって，不確かさが小さい校正証明書を取得したからといって測定値の偶然誤差を低減することにはならない。（イ）の記述は誤り。

実際の測定における不確かさは，測定に用いる測定器を校正したときの不確かさに，実際に測定する作業で生じる新たな不確かさが加わることになる。したがって，測定回数を増やし，測定値の平均値のばらつきによる不確かさを小さくしても，測定器の校正の不確かさよりは小さくならない。（ウ）の記述は正しい。

〔正 解〕 5

---- **問 13** ----

校正に関する次の記述の中から，誤っているものを一つ選べ。

1 校正では，測定標準によって提供される値とそれに対応する指示値との関係を求める。

2 測定器の指示値から測定結果を得るために，校正式を用いることが多い

が，校正線図や校正表などを用いることもある。

3 測定の誤差の中には，校正に基づいて調整を行っても取り除けない誤差成分がある。

4 ある測定器を校正すれば，その測定器によって測定された値の不確かさはその校正の不確かさと等しくなる。

5 測定に要求される不確かさを考慮したうえで，測定器を改めて校正せずに，測定器メーカがつけた目盛をそのまま用いて測定することがある。

［題 意］ 校正の基本的な考え方・理解について知識を問うもの。

［解 説］ 校正の基本は，測定標準の値とそれに対応する測定器の指示値の関係を求めることにある。**1** は正しい。

校正の定義は，「JIS Z 8103 計測用語」によると，「測定標準の値と測定器の指示値との関係を確立し，次の段階で，この情報を用いて指示値から測定結果を得るための関係を確立すること」とある。この関係の確立方法には，校正式，校正線図，校正表などが用いられる。**2** は正しい。

測定器を校正したとしても，あるいは校正した結果に基づいて測定器を調整したとしても，測定器固有の偶然誤差の成分である指示値のばらつきは取り除くことはできない。**3** は正しい。

測定器の校正では測定標準を測定することで測定器の指示値と標準の値との関係を確立するための測定作業を行う。このときに測定標準の不確かさと測定器の指示値のばらつき等による不確かさが生じる。これが校正の不確かさである。つぎに，測定器で未知の測定対象を測定するときに新たに不確かさが生じる。この測定時の不確かさは，校正時との環境条件の相違や，校正に用いる測定標準と測定対象の特性の違いなどによって生じる不確かさである。よって，通常，校正の不確かさより測定時の不確かさは大きくなることが考えられる。**4** は誤り。

測定の目的によっては，校正した結果を補正しなくても十分に対応できる測定もある。したがって，校正はしないでメーカの目盛（指示値）をそのまま一定期間使用するという管理方法もあり得る。**5** は正しい。

［正 解］ **4**

----- 問 **14** -----

「JIS Z 9090 測定 − 校正方式通則」に基づく測定器の校正に関する次の記述の中から，誤っているものを一つ選べ。

1 校正においては常に，点検と修正を同じ時間間隔で実施する必要がある。

2 標準器には，ブロックゲージのように量の値を一つ示すものと，標準尺のように複数の値を示すものとがある。

3 経時的変化に起因する測定標準の値の変化は，測定標準の誤差に含まれる。

4 校正後の測定器を使用して得られた測定値には，校正作業による誤差が含まれる。

5 校正における修正限界は，測定器の修正の必要性を判断する基準であり，一般に，測定対象となる製品の許容差より小さい値をとる。

(**題 意**) 「JIS Z 9090 測定 − 校正方式通則」の知識，校正に用いる測定標準に関する知識について問うもの。

(**解 説**) 「JIS Z 9090 測定 − 校正方式通則」では，校正の作業は点検および修正の二つから構成すると規定している。点検では，修正が必要であるか否かを知るために，測定標準を用いて測定値の誤差を求め，修正限界との比較を行う。修正では，測定器の読みと測定量の真の値との関係を表す校正式を求め直すために，測定標準の測定を行い，校正式の計算または測定器の調整を行うとしている。点検と修正の役割はそれぞれ異なり，どのような校正方式で行うかは測定器の使用状況から決定することになる。同 JIS では**表**に示した四つの区分を定めている。点検と修正は，その役割が異なるので同じ時間間隔で実施する必要はない。**1** は誤り。

表 校正方式の区分

(1) 点検及び修正を行う	(2) 点検だけを行う	(3) 修正だけを行う	(4) 無校正
① 点検作業	① 点検作業	① 点検作業なし	① 点検作業なし
② 点検の結果	② 点検の結果	② 修正作業	② 修正作業なし
③ 結果に応じて修正作業	③ 修正作業なし	③ 使用	③ 期限まで使用
④ 使用	④ 使用／廃棄		

　校正に用いる標準器には，特性値の安定したものが求められるが，一般に実量器は標準器としてよく用いられる。実量器とは，ブロックゲージ，分銅，標準抵抗器などのように，測定量の値を自身が一つ示すものである。もちろん，実量器以外の測定器でも標準器として用いることはできる。例えば，標準尺，電圧発生器，重錘形圧力天びんなどは複数の値を示す計測器である。**2** は正しい。

　標準器として用いる計測器の特性値は，一般に時間の経過とともにその特性値は多かれ少なかれ変化するものである。よって，標準器として用いる際には，その標準器の校正されたときの値に，校正された後の経時的変化による値の変化を見積り，誤差として考慮しなければならない。**3** は正しい。

　校正された測定器の不確かさには，校正に使用した標準器の不確かさ，校正作業によるばらつきなどの誤差による不確かさが含まれる。JIS Z 9090 の規格で表記される「誤差」は「不確かさ」と置き換えて解釈することができる。**4** は正しい。

　この JIS で規定する修正限界とは，測定器の修正（校正）の必要性を判断する基準である。この修正限界の基準を決める際には，その測定器が使用される生産現場において，測定対象とする製品の許容差より小さくとることが必要である。**5** は正しい。

〔**正 解**〕　**1**

-------- 〔**問**〕 **15**

　次の文章は測定の SN 比に関する記述である。（ア）から（ウ）の空欄にあてはまる式または語句の組合せとして正しいものを，下の **1** から **5** の中から一つ選べ。

　測定の SN 比とは，測定対象量の値の変化に対して，測定器が確実にその変化量を検出し，指示値として示すことができるかどうかを表した指標である。測定対象量の値を x，測定器の指示値を y としたときの x と y の関係式を $y = \alpha + \beta x + \varepsilon$ とする。ここで α は y 切片，β は回帰係数，ε は指示値の誤差である。ε の標準偏差を σ で表すと，SN 比 η は（　ア　）と定義される。その測定器の校正後の誤差分散を σc^2 とすると，（　イ　）と表される。2 台の測定器を比較するとき，この SN 比の大きさを用いて 2 台の測定器の（　ウ　）の比較をすることができる。

	（ア）	（イ）	（ウ）
1	$\eta = \sigma^2 / \beta^2$	$\sigma\mathrm{c}^2 = 1/\eta$	優劣
2	$\eta = \beta^2 / \sigma^2$	$\sigma\mathrm{c}^2 = 1/\eta^2$	耐久性
3	$\eta = \beta^2 / \sigma^2$	$\sigma\mathrm{c}^2 = 1/\eta$	優劣
4	$\eta = \sigma^2 / \beta^2$	$\sigma\mathrm{c}^2 = 1/\eta^2$	優劣
5	$\eta = \sigma^2 / \beta^2$	$\sigma\mathrm{c}^2 = 1/\eta$	耐久性

［題 意］ 測定の SN 比の基本的な意味と SN 比を求める方法について問うもの。

［解 説］ 測定の SN 比とは，測定器に信号となる測定量を入力したとき，測定器の指示値が忠実に変化しているかどうかを表す指標である。測定の SN 比 η は，測定量の値を x，測定器の指示値を y としたときに x と y の関係式を

$$y = \alpha + \beta x + e \tag{1}$$

とする。式 (1) は一次回帰式を示しており，α は y の切片，β は回帰係数，e は指示値 y の誤差である。誤差 e を，指示値のばらつきを標準偏差 σ で表すと，測定量 x を求める計算式は

$$x = \frac{y - \alpha}{\beta} - \frac{\sigma}{\beta} \tag{2}$$

となる。しかしながら，実際の測定量の推定値 $\hat{x}$ は

$$\hat{x} = \frac{y - \alpha}{\beta} \tag{3}$$

で行うから，式 (3) と式 (2) との差が以下のとおり測定量の誤差になる。

$$\hat{x} - x = \frac{y - \alpha}{\beta} - \frac{y - \alpha}{\beta} + \frac{\sigma}{\beta} = \frac{\sigma}{\beta} \tag{4}$$

上記の誤差 $\dfrac{\sigma}{\beta}$ を 2 乗して分散にし，分母分子を反転し，測定の良さの指標として，以下のように表した式が測定の SN 比 η である^(ア)。

$$\eta = \frac{\beta^2}{\sigma^2} \tag{5}$$

上記の式 (5) は，式 (4) の 2 乗の逆数である。よって，校正後の誤差分散 $\sigma\mathrm{c}^2$ を計算するには，また式 (5) を逆数にして次式のようにする^(イ)。

$$\sigma\mathrm{c}^2 = \frac{1}{\eta} \tag{6}$$

測定の SN 比 η は測定の良さを表す指標である。2 台の測定器の校正によって測定の SN 比が求められた場合，校正後の誤差分散の小さいほうの測定が良いので，測定の SN 比は誤差分散の逆数となっているため，SN 比は大きいほうの測定が良いということがいえる。つまり，測定の優劣^(ウ)を判定することができる。

[正解] 3

---- 問 16 --

次の文章は，測定の SN 比を求めて測定方法を改善する過程を述べたものである。（ア）から（エ）の空欄にあてはまる語句の組合せとして正しいものを，下の 1 から 5 の中から一つ選べ。

最適な水準を選ぶための（　ア　）因子として，測定条件 A ～ G を選択し，それぞれ 3 水準を設定して直交表 L_{18} に割り付けた。また，測定対象量の値を意図的に変化させるための（　イ　）因子 M を 3 水準設定した。さらに，（　ウ　）因子 N として指示値のばらつきの原因となる複数の条件を調合し，指示値が小さくなる条件 N_1 及び指示値が大きくなる条件 N_2 の 2 水準を設定した。

直交表の各行の条件における測定の SN 比を求めるため，M と N の水準の全ての組合せについて指示値を得た。測定方法の改善につながるように，指示値から SN 比 η を求め，（　ア　）因子 A ～ G の水準別の SN 比の平均値の比較を行い，SN 比が最も（　エ　）なる（　ア　）因子の水準を選び，その組合せを求めた。

	（ア）	（イ）	（ウ）	（エ）
1	制御	信号	標示	小さく
2	制御	信号	誤差	大きく
3	信号	制御	誤差	大きく
4	信号	制御	誤差	小さく
5	制御	信号	標示	大きく

[題意]　測定の SN 比を利用して直交表によるパラメータ設計の方法に関する理

解を問うもの。

[解 説]　測定方法の改善を目的として，方法の条件に水準を設定し SN 比の比較によって水準を選ぶことで改善を達成する実験は，パラメータ設計と呼ばれる方法である。**表**にその概要を示す。

表　パラメータ設計の直交表 L_{18} と SN 比評価を行う配列した実験計画例

行番	ー	A	B	C	D	E	F	G	誤差	信号因子			SN比
	1	2	3	4	5	6	7	8	因子	M_1	M_2	M_3	η
1	1	1	1	1	1	1	1	1	N_1				
									N_2				
2	1	1	2	2	2	2	2	2	N_1				
									N_2				
3	1	1	3	3	3	3	3	3	N_1				
									N_2				
4	1	2	1	1	2	2	3	3	N_1				
									N_2				
5	1	2	2	2	3	3	1	1	N_1				
									N_2				
6	1	2	3	3	1	1	2	2	N_1				
									N_2				
7	1	3	1	2	1	3	2	3	N_1				
									N_2				
8	1	3	2	3	2	1	3	1	N_1				
									N_2				
9	1	3	3	1	3	2	1	2	N_1				
									N_2				
10	2	1	1	3	3	2	2	1	N_1				
									N_2				
11	2	1	2	1	1	3	3	2	N_1				
									N_2				
12	2	1	3	2	2	1	1	3	N_1				
									N_2				
13	2	2	1	2	3	1	3	2	N_1				
									N_2				
14	2	2	2	3	1	2	1	3	N_1				
									N_2				
15	2	2	3	1	2	3	2	1	N_1				
									N_2				
16	2	3	1	3	2	3	1	2	N_1				
									N_2				
17	2	3	2	1	3	1	2	3	N_1				
									N_2				
18	2	3	3	2	1	2	3	1	N_1				
									N_2				

　パラメータ設計の実験を行うには，パラメータとして最適な水準を選ぶための制御[ア]因子として測定条件 A ～ G を選択し，それぞれの条件に 3 水準を設定して表の直交表に割り付ける。設問で示す実験では，測定対象量の値を意図的に変化させるための信

号^(イ)因子 M を 3 水準設定する。さらに誤差^(ウ)因子 N として指示値のばらつきの原因となる複数の条件を調合し，指示値が小さくなる条件 N_1 および指示値が大きくなる条件 N_2 の 2 水準を設定する。

　直交表の各行の条件における測定の SN 比を求めるため，M と N の水準のすべての組合せについて指示値を得て SN 比 η を求める。制御^(ア)因子 A～G の水準別の SN 比の平均値の比較を行い，SN 比が最も大きく^(エ)なる制御^(ア)因子の水準を選び，その組み合わせを求める。

　このように，制御因子を直交表内に，信号因子と誤差因子を外側に配列して行う実験は直積実験計画と呼ばれている。

[正 解]　**2**

-------- 問 17 --------

　次の図は，一次遅れ系の単位ステップ応答について，時定数が異なる三つの例を①，②および③として示したものである。図に示した応答に関する記述として誤っているものを，下の **1** から **5** の中から一つ選べ。ただし，図の縦軸は整定値が 1 となるように規格化された応答を示している。また，t は時間，T は制御系の時定数，さらに，自然対数の底は約 2.7 である。

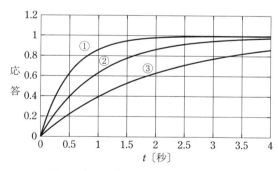

図　一次遅れ系の単位ステップ応答の例

1　単位ステップ応答により制御系の応答の速さを知ることができる。

2　一次遅れ系の単位ステップ応答を表す関数形は $1-\exp(-t/T)$ である。

3　時定数が短いほうが応答の速い制御系である。

4 ②の制御系の時定数は，ほぼ 1 秒と読み取れる。

5 三つの例のうち，応答が最も遅いのは①，最も速いのは③である。

───

[題 意] 一次遅れ系の単位ステップ応答について基本的な知識を問うもの。

[解 説] 単位ステップ応答とは，入力がある定常状態から他の定常状態に変化したときの応答をいう。設問により一次遅れ系とあるので，遅れの指標である時定数の大小により応答曲線は異なってくる。以下に設問の図に補足を描き入れた**図**を示す。

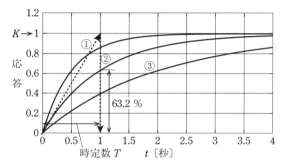

図 一次遅れ系の単位ステップ応答の例（補足入）

上記の図において，制御系が最終的に到達する出力は定数 K に近づいていく。したがって，入力があってからどのような時間で定数 K に到達していくかで応答速さの様子がわかる。**1** は正しい。

一次遅れ系の伝達関数 $G(\underline{s})$ を

$$G(\underline{s}) = \frac{K}{T_s + 1} \tag{1}$$

とすると，単位ステップ応答を表す関数 $y(t)$ は

$$y(t) = K(1 - e^{-t/T}) \tag{2}$$

となる。**2** は正しい。

時定数 T とは，図において応答の立ち上がりの接線を伸ばして最終値であるゲイン定数 K に到達した点から垂直に降ろした線が時間軸に交わる点の時間となる。時定数は最終値の 63.2％ に達する時間になる。よって，時定数が短いほうが応答の速い制御系となる。**3** は正しい。

設問の図から見ると ② の制御系の出力応答の 0.632 における時間 t を見ると約 1 秒

と読み取れる。**4** は正しい。

図の制御系 ①〜③ を見ると応答が最も速いのは ①，最も遅いのが ③ ということがいえる。**5** は誤り。

【正解】 **5**

---- 問 18 ----------------------------

コンピュータ内部で小数を取り扱う手法である浮動小数点演算で用いられる二進数の小数について，次の記述の（ア）及び（イ）の空欄にあてはまる数値の組合せとして正しいものを，下の **1** から **5** の中から一つ選べ。

二進数の小数で表された値 0.111 を十進数に変換することを考える。二進数では 0.1 と 0.1 を足した結果は桁上がりして 1 となる。つまり 0.1 を二つ足した結果は 1 となるので，二進数の 0.1 を十進数で表すと 0.5 になる。二進数の 0.01 も同様に考え十進数で表すと（　ア　）になる。二進数 0.111 は 0.1 + 0.01 + 0.001 であるので，これを十進数で表すと（　イ　）になる。

	（ア）	（イ）
1	0.25	0.875
2	0.25	0.7
3	0.2	0.875
4	0.2	0.7
5	0.1	0.7

【題意】 小数の二進数に関する理解力を問うもの。

【解説】 二進数で 0.1 の小数点下 1 桁は，十進数の 1/2 になる。

二進数 0.01 の下 2 桁は 1/4，下 3 桁は 1/8…のようになる。

したがって，例えば二進数の 0.1101 は，十進数では 1/2 + 1/4 + 1/16 = 13/16 になる。

つまり，二進数で 0.1 は十進数で 1/2 = 0.5 になる。二進数で 0.01 は十進数で 1/4 = 0.25[(ア)]，二進数で 0.001 は十進数で 1/8 = 0.125，…という具合になる。

したがって，二進数の 0.111 は 1/2 + 1/4 + 1/8 = 0.875[(イ)] となる。**1** が正しい。

【正解】 **1**

---- 問 **19** ----

コンピュータを用いて三つの数の和を求める。三つの数のそれぞれを単精度浮動小数点数（約7桁の有効桁をもつ浮動小数点数）としてコンピュータに a, b, 及び c として入力し，途中の計算及び計算結果の取得を一貫して単精度浮動小数点数として行う。三つの数の和の計算精度が最も高くなる計算手順はどれか。下の **1** から **5** の中から正しいものを一つ選べ。

　　$a = 123\,456.0$

　　$b = 0.345\,678$

　　$c = -123\,454.0$

1　まず a と b を足し算し，次にその答えと c を足し算する。

2　まず a と c を足し算し，次にその答えと b を足し算する。

3　まず b を 10^6 倍した数と a を足し算し，次にその答えと c を足し算する。最後にその結果を 10^{-6} 倍する。

4　まず a 及び c をそれぞれ 10^{-6} 倍した数同士を足し算し，次にその答えと b を足し算する。最後にその結果を 10^6 倍する。

5　a，b，及び c について，どの順番で三つの数の和を求めても計算精度は同じである。

題 意　コンピュータで用いられている浮動小数点に関する理解を問うもの。

解 説　32 ビットの単精度浮動小数点数の構造は**図**のようになっている。

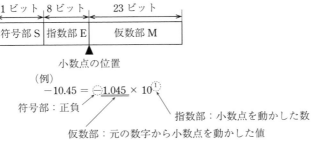

図　32 ビットの単精度浮動小数点数の構造

単精度浮動小数点の場合，仮数部は23ビットであるので，$2^{23}=8\,388\,608$となり約7桁の有効桁になる。

実際に数値 a，b，c の和を計算してみると

$$
\begin{array}{r}
123\,456.0 \\
0.345\,678 \\
+\quad-123\,454.0 \\
\hline
2.345\,678
\end{array}
$$

となる。

設問は a，b，c の数の和を計算するのであるから，**3** と **4** は，いずれも数値に倍数して足しているので計算間違いとなる。よって，誤りである。

1 の計算を行うと以下のようになる。

a と b を足すと $123\,456.0+0.345\,678=123\,456.345\,678$ となる。ところが，有効桁数7桁の浮動小数点の方式で上記の結果を表すと

$$1.234\,563\times10^{5}$$

となる。この結果に c の値を足すと

$$123\,456.3+(-123\,454.0)=2.3$$

となり桁落ちの誤差を生じる。

2 の順序で計算してみる。

a と c を足すと $123\,456.0+(-123\,454.0)=2.0$

となる。この結果に b を足すと

$$2.0+0.345\,678=2.345\,678$$

となり，正しい計算値となる。よって，**2** が正しい。

[正 解] **2**

------ 問 20 ------

保全は，アイテムが要求どおりに実行可能な状態に維持され，又は修復されることを意図した，全ての技術的活動及び管理活動の組合せである。保全に関する次の記述の中から誤っているものを一つ選べ。

1 予防保全は，アイテムの劣化の影響を緩和し，かつ，故障の発生確率を低減するために行う保全である。

2　予防保全には，規定した時間計画に従って実行される時間計画保全と，物理的状態の評価に基づく状態監視保全とがある。

3　事後保全は，フォールト（故障状態）の検出後，アイテムを要求どおりの実行状態に修復させるために行う保全のことである。

4　実際の運用及び保全の条件下での，保全性の評価尺度として用いられる運用アベイラビリティは，平均アップ時間と平均ダウン時間とにより次式で表される。

$$運用アベイラビリティ = \frac{平均アップ時間 + 平均ダウン時間}{平均アップ時間}$$

5　状態監視保全では故障や異常が起こる前の予兆を素早く把握することが重要であり，事後保全では発生した故障の状況を素早く把握することが重要である。

〔題 意〕　保全に関連する用語とその知識について問うもの。

〔解 説〕　設問記述の「保全は，アイテムが要求どおりに実行可能な状態に維持され，又は修復されることを意図した，全ての技術的活動及び管理活動の組合せ」は「JIS Z 8115 ディペンダビリティ（総合信頼性）用語」における保全の定義である。保全は管理上の分類として以下の**図**のように分けられている。

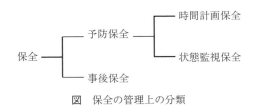

図　保全の管理上の分類

　予防保全とは，「アイテムの劣化の影響を緩和し，かつ，故障の発生確率を低減するために行う保全」と JIS Z 8115 で定義している。**1** は正しい。

　予防保全には，上記の図のとおり，規定した時間計画に従って実行する時間計画保全と，物理的状態の評価に基づいて実行する状態監視保全がある。**2** は正しい。

　事後保全とは，「フォールト（故障状態）検出後，アイテムを要求どおりの実行状態に修復させるために行う保全」である。**3** は正しい。

運用アベイラビリティとは「実際の運用及び保全の条件下でのアベイラビリティの実績値」であり，次式で示される。

$$A_0 = \frac{\text{MUT}}{(\text{MUT} + \text{MDT})}$$

ここに，A_0 ：運用アベイラビリティ

MUT：平均アップ時間

MDT：平均ダウン時間

である。**4** の式は分子と分母が反対であり，誤りである。

状態監視保全とは，物理的状態の評価，動作パラメータについての情報に基づく予防であるので，使用中の動作状態から故障や異常が起こる前の予兆を素早く検知することが重要である。動作パラメータの例としては，振動，音量，周波数，流量，速度などがある。事後保全では，故障した状況を素早く把握して一刻も早く復旧させることが重要である。**5** は正しい。

〔正解〕 **4**

------ 問 21 ------

品質管理を行う際に用いられる手法に関する次の（ア）から（ウ）の記述について，正誤の組合せとして正しいものを，下の **1** から **5** の中から一つ選べ。

（ア）$\bar{X}$ 管理図は，測定した製品の不良率を時系列でプロットしたもので，工程の状態を管理する場合に用いることができる。

（イ）パレート図は，不適合等の発生状況を項目別に集計し，出現頻度の高い順に並べるとともに，累積和を示した図である。不適合に対する対策として重点を置くべきポイントを明らかにする場合などに用いることができる。

（ウ）ヒストグラムは，測定値の存在する範囲をいくつかの区間に分け，各区間を底辺として，その区間に属する測定値の度数に比例する面積をもつ長方形を並べた図である。分布の形やばらつきの視覚的な分析に用いることができる。

（ア）（イ）（ウ）

1 誤　正　誤

2	誤	正	正
3	誤	誤	正
4	正	誤	誤
5	正	正	誤

［題 意］ 品質管理で用いられる QC の七つ道具のうち管理図，パレート図，ヒストグラムに関して知識を問うもの。

［解 説］ 管理図とは，工程などで管理したい製品特性として，例えば $\overline{X} - R$ 管理図は平均とばらつきなどの推移を時間の経過とともに監視するものである。管理したい特性によって管理図の名称が決まる。$\overline{X}$ 管理図 (**図 1**) は平均を特性値に取った管理図をいう。不良率を特性値として取った管理図は p 管理図という。記述 (ア) は誤り。

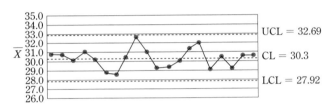

図 1　$\overline{X}$ 管理図

　パレート図 (**図 2**) とは，問題解決に取り組もうとするとき，問題の原因となっている項目の状況を明確にし，多い項目を浮き彫りにするツールである。不適合発生のどの項目が多いかを調べ，多い項目から対策に着手することで効果的な改善が期待できる。記述 (イ) は正しい。

　ヒストグラム (**図 3**) とは，対象の母集団の平均，ばらつきの状態を調べるときに用いられる。作成方法は，データの存在する範囲をいくつかの区間に分け，その区間に属するデータの発生個数をグラフ化したもので，データの分布状態の形，全体の中心，ばらつきを視覚的に分

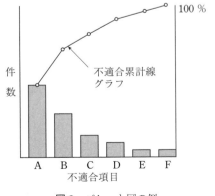

図 2　パレート図の例

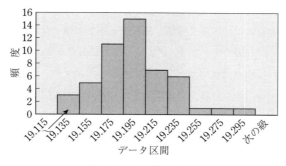

図3 ヒストグラムの例

析できる。記述（ウ）は正しい。

[正 解] **2**

---- 〔問〕 **22** --

サンプリングに関する次の記述の中から，誤っているものを一つ選べ。

1 サンプリングは，対象物質に関してできるだけ真の姿に近い情報が得られるように行う。

2 対象物質は固体，粉体，液体，気体など様々な状態を示すため，その状態を考慮してサンプリング方法を選択する。

3 採取個数や採取量を大きくしても，母集団のパラメータの推定精度は向上しない。

4 安定性が低い対象物質のサンプリングは難しいことが多く，抜き取った標本は母集団を代表していない可能性がある。

5 サンプリングが測定に影響を与える要因として，採取時期，採取方法，採取量，試料の保存条件等が考えられる。

〔題 意〕 サンプリングに関する基本的な知識について問うもの。

〔解 説〕 サンプリングの目的は母集団の一部をサンプルとして採取し，サンプルの測定結果から母集団（対象物質）の特性を推定することである。このとき，推定する特性が母集団（対象物質）の特性にできるだけ近くなるようにすることが重要であ

る。**1** は正しい。

　サンプル対象物質には，固体，粉体，液体，気体など様々なものがあるため，その物質の状態に合った方法でサンプリングすることが必要である。例えば，流体の場合，流体が層流で流れているときは，一つの層のみからサンプリングするとかたよることがあるので注意する。あるいは，混合が不十分な部分，例えば菅壁，炉壁，曲がり部分の近くではサンプリングしないように注意することなどがある。**2** は正しい。

　サンプリングの精度は基本的には，サンプルする個数や採取量を大きくすると推定精度は向上する。**3** は誤り。

　サンプリング対象の物質安定性が低い場合は，サンプリングした測定も安定性が低くばらつきの大きいものとなる。よって，推定した母集団の特性の精度も低く，代表した特性とかけ離れる可能性がある。**4** は正しい。

　サンプリングが測定に影響を与える要因には，対象物質が時期や一日の時間帯によって変わるような場合には，その時期・時間帯による影響に注意が必要である。対象物質によって適した採取の方法を選ぶことも重要である。対象物質の性質によっては採取した後の試料の保存条件が決まっている場合があるので，決められた条件で保存する必要がある。**5** は正しい。

〔正 解〕 **3**

---- 問 23 ------------------------------------

　工程管理に関する次の記述の中から，誤っているものを一つ選べ。

1　工程管理では，工程で生産された製品特性を一定の範囲内に収めるために，設備や作業の管理・維持をする。

2　工程が安定状態にあるとき，工程で生産される製品の品質について，その達成能力の評価指標として，工程能力指数が用いられる。

3　工程の状態を表す特性値の変動を示した図を管理図といい，工程の安定状態の確保・維持を目的に使用される。

4　管理図において，管理対象となる工程からの試料の採取個数を変えた場合であっても管理限界線の値は再計算しない。

5　$\overline{X} - R$ 管理図は，工程において製品特性の時間的変動の把握に使用する

代表的な管理図であり，製品特性の平均およびばらつきの変化を一緒に管理することができる。

[題意]　工程管理および管理図に関する基礎的な知識について問うもの。

[解説]　工程管理の目的は，生産される製品特性が目標とする管理幅以内に収まるように，生産に関わる設備の制御，作業を標準化し，管理を実施し維持することである。**1**は正しい。

工程能力指数 C_p とは，定められた製品の規格限度（公差内）で生産できる能力を表す指標で以下の式で表される。**2**は正しい。

$$C_p = \frac{\text{USL} - \text{LSL}}{6\sigma}$$

ここに，USL：上側規格値

LSL：下側規格値

σ　：標準偏差（工程のばらつき）

管理図とは，工程が安定な状態にあるかどうかを調べ，工程を安定な状態に維持・監視するために用いられる。**3**は正しい。

管理図における管理限界線の値は，試料の採取個数（データ個数 n）によって係数が決められている。よって，個数を変えた場合は再計算が必要である。**4**は誤り。

$\overline{X} - R$ 管理図は製品特性の平均とばらつきを特性として時間的変動を把握する代表的な管理図である。**5**は正しい。

[正解]　4

---- **[問] 24** ----

次の文章は，損失関数を利用して製造工程の管理を合理的に行おうとする考え方を説明したものである。このような工程管理の方法について述べた記述として誤っているものを，下の**1**から**5**の中から一つ選べ。

製品品質の定量的指標として用いられる損失関数の考え方によると，ある製品の特性の値が x，その特性の製造目標値が m のとき，その製品は $k(x-m)^2$（k は正の定数）の経済的損失を発生すると考える。ある工程について，そこで作られる製品の x の値はばらつきをもつため，$(x-m)^2$ を x について平均した

値を σ^2 と表すと，この工程は製品 1 個あたり $L_1 = k\sigma^2$ の損失を発生すると考えることができる。

一方，この工程を管理するため，製品 n 個を製造する毎に 1 個の製品を抜き出してその特性の値 x を測定し，$|x - m|$ が事前に定めた管理限界 D を超えていれば $|x - m|$ をゼロにするように工程を調整し，超えていなければ工程を調整せずに製造を継続する。このような，製品を測定したり工程を調整したりするのに要するコストの総額を製品 1 個あたりに換算した値を L_2 とする。

工程管理を合理的に行うために，工程管理のパラメータである n（測定間隔）と D（管理限界）を，上記の L_1 と L_2 の和 $L_1 + L_2$ を最小化するように決定する。

ただし，工程の調整をしないと $(x - m)^2$ の期待値は工程稼働時間に比例して大きくなるものとする。

1 L_1 は，使用者の手にわたった製品が期待通りに機能しないために発生する社会的損失を表していると解釈できる。

2 測定間隔 n の値を小さくすれば，測定頻度が増えるため L_2 は大きくなる。

3 測定間隔 n の値を小さくすれば，σ^2 が小さくなるため L_1 は小さくなる。

4 管理限界 D の値を小さくすれば，σ^2 が小さくなるため L_1 は小さくなる。

5 管理限界 D の値を小さくすれば，工程の調整頻度が減るため，L_2 は小さくなる。

【題 意】 損失関数を利用して工程管理を行う場合の基本的な知識と考え方について問うもの。

【解 説】 損失関数とは，製品の特性値 x が，製品設計において設定した設計値，つまり目標値 m からずれたことによる損失を定量的に表すものである。損失関数の概念を**図**に示す。

品質工学では，製品の損失関数 L を以下のように表す。

$$L = k(x - m)^2 \qquad (1)$$

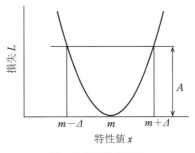

図　損失関数の概念

　　ここで，k は比例定数で，特性値 x がある値をとった時の損失が分かれば決めることができる定数である。例えば，上記の図のように，一つの製品について，図面の許容差 $\varDelta$ を超えたときの損失を A〔円／個〕とすると，k は次式で求められる。

$$k = \frac{A}{\varDelta^2} \tag{2}$$

　　x は製品の特性値，m はその目標値（設計値）であり，$(x-m)$ はその製品の特性値の誤差，すなわち，目標値からのずれである。式 (1) の $(x-m)^2$ は個々の製品の目標値 m からの差の二乗であるが，製造された製品の集団（例えばロット）について考える場合には，目標値からの偏差の二乗平均，すなわち，分散 σ^2 が用いられる。σ^2 は製品の集団での特性値の平均的なばらつきの大きさを表している。よって，工程で造られる製品の損失関数は設問の記述のように以下の式で表される。

$$L_1 = k\sigma^2 \tag{3}$$

　　一方，この工程を管理するため，製品 n 個を製造するごとに 1 個の製品を抜き出してその特性の値 x を測定し，$|x-m|$ が事前に定めた管理限界 D を超えていれば $|x-m|$ をゼロにするように工程を調整し，超えていなければ調整せずに製造を継続する。このような製品を測定したり工程を調整したりするのに要するコストの総額を製品 1 個当りに換算した値を b（設問では L_2 としている）とする。いわゆる管理コストが製品 1 個当り b 円であるとすれば，その製品の品質損失 L_1 と管理コスト b の和である総損失 L_T は製品 1 個当りで以下のようになる。

$$L_T = L_1 + b \quad 〔円／個〕 \tag{4}$$

　　品質工学では，この総損失 L_T を最小化することを目標としている。

　　さて，設問では総損失 $L_T = L_1 + L_2$ と置き換えているが，この総損失 L_T を最小化するように，パラメータ n（測定間隔），と D（管理限界）を決定する場合について問うている。

　　L_1 は製品が目標値（設計値）からずれて製造されるために生じる品質損失である。つまり，本来機能すべきところがばらつきにより発生する社会的損失を表している。**1** は正しい。

　　測定間隔 n の値を小さくすれば，当然製品を測定する頻度が増えるためそのコストがかかり，L_2 は大きくなる。**2** は正しい。また，測定する頻度を増やすと管理限界 D を超えたまま製造する確率は減るので，結果的に製品のばらつき σ^2 は抑えられる。**3**

も正しい。

管理限界 D の値を小さくすれば，$|x-m|$ の限界を抑えることになるため，製品のばらつき σ^2 が小さくなり，品質損失 L_1 は小さくなる。**4** は正しい。反対に管理限界 D を小さくすると，製品の特性値 x が管理限界 D を超える確率が増え，工程の調整頻度が増えるので管理コスト L_2 は大きくなる。**5** は誤り。

〔正 解〕 **5**

----- 〔問〕 **25** -----------------

「JIS Z 8002 標準化及び関連活動 － 一般的な用語」に記載されている規格の整合について述べた次の文章のうち，（ア）から（ウ）の空欄にあてはまる語句の組合せとして正しいものを，下の **1** から **5** の中から一つ選べ。

計測管理を取り巻く環境には，多種多様な規格が用意されている。ここでいう規格とは，与えられた状況において最適な秩序を達成することを目的に，共通的に繰り返して使用するために，活動又はその結果に関する規則，指針又は特性を規定する文書のことである。国際規格，国家規格をはじめとして，団体規格，社内規格などがある。それぞれの規格の運用に当たって，重要になるのが各々の規格の整合である。

整合規格は，同じ主題について異なる（　ア　）が承認している規格であって，製品，プロセス及びサービスの互換性を確保しているもの，又はこれらの規格に従って得られた試験結果若しくは情報の相互理解を確保しているもののことである。整合規格には，内容及び表現形式の両者が一致している「一致規格」や，内容は一致しているが，表現形式が異なる「（　イ　）」などがある。また，国際規格と整合している規格のことを「（　ウ　）」という。

	（ア）	（イ）	（ウ）
1	認定機関	部分一致規格	国際整合規格
2	認定機関	内容一致規格	比較可能規格
3	標準化団体	内容一致規格	国際整合規格
4	標準化団体	内容一致規格	比較可能規格

5　標準化団体　　部分一致規格　　比較可能規格

［題 意］　規格の整合についての知識を試すもので「JIS Z 8002 標準化及び関連活動
－ 一般的な用語」に記載の整合について問うもの。

［解 説］　JIS Z 8002 によると，整合規格とは「同じ主題について異なる標準化団
体 ^(ア) が承認している規格であって，製品，プロセス及びサービスの互換性を確保して
いるもの，又はこれらの規格に従って得られた試験結果若しくは情報の相互理解を確
保しているもの。」と定義している。整合規格には，内容および表現形式の両者が一致
している「一致規格」，内容は一致しているが，表現形式が異なる「内容一致規格 ^(イ)」
などがある。また，国際規格と整合している規格は「国際整合規格 ^(ウ)」という。

［正 解］　**3**

一般計量士・環境計量士　国家試験問題 解答と解説
3. 法規・管理（計量関係法規／計量管理概論）（第 68 回〜第 70 回）

Ⓒ 一般社団法人　日本計量振興協会　2020

2020 年 11 月 30 日　初版第 1 刷発行

検印省略	

編　　者　一般社団法人
　　　　　日 本 計 量 振 興 協 会
　　　　　東京都新宿区納戸町 25-1
　　　　　電話 (03)3268-4920
発 行 者　株式会社　コ ロ ナ 社
　　　　　代 表 者　牛 来 真 也
印 刷 所　萩 原 印 刷 株 式 会 社
製 本 所　有限会社　愛 千 製 本 所

112-0011　東京都文京区千石 4-46-10
発 行 所　株式会社 コ ロ ナ 社
CORONA PUBLISHING CO., LTD.
Tokyo Japan
振替 00140-8-14844・電話 (03)3941-3131(代)
ホームページ https://www.coronasha.co.jp

ISBN 978-4-339-03234-5　C3353　Printed in Japan　　　　　　　　　(柏原) N